大漠恒星——致敬拐子湖气象人六十年

『大漠恒星——致敬拐子湖气象人六十年』编委会 ◎ 编著

气象出版社
China Meteorological Press

图书在版编目（CIP）数据

大漠恒星：致敬拐子湖气象人六十年 /《大漠恒星——
致敬拐子湖气象人六十年》编委会编著 . -- 北京：气象
出版社，2019.5（2020.1 重印）

ISBN 978-7-5029-6921-9

Ⅰ . ①大… Ⅱ . ①大… Ⅲ . ①气象－工作概况－内蒙
古额济纳旗 Ⅳ . ① P468.226.2

中国版本图书馆 CIP 数据核字 (2019) 第 101603 号

Damo Hengxing——Zhijing Guaizihu Qixiangren Liushi Nian

大漠恒星——致敬拐子湖气象人六十年

出版发行：气象出版社

地　　址：北京市海淀区中关村南大街 46 号　　邮政编码：100081

电　　话：010-68407112（总编室）　　010-68408042（发行部）

网　　址：http://www.qxcbs.com　　E-mail：qxcbs@cma.gov.cn

责任编辑：宿晓凤　殷　淼　　　　　　终　审：吴晓鹏

责任校对：王丽梅　　　　　　　　　　责任技编：赵相宁

设　　计：符　赋

印　　刷：北京地大彩印有限公司

开　　本：710 mm×1000 mm　1/16　　印　张：8

字　　数：106 千字

版　　次：2019 年 5 月第 1 版　　　　印　次：2020 年 1 月第 2 次印刷

定　　价：58.00 元

《大漠恒星——致敬拐子湖气象人六十年》
编委会

目 录

111　第六章　梦想

91　第五章　荒漠恒星

65　第四章　坚守者

41　第三章　最寂静的日与夜

19　第二章　气象站的日常

1　第一章　沙的旋律

引言

"弱水汨其为难兮，路中断而不通。势不能凌波以径度兮，又无羽翼而高翔。"

这是汉代辞赋家庄忌《哀时命》中的诗句。在古人的世界观中，弱水是大地上最艰险的天堑，它远在昆仑之北，横亘于人世间的边缘，凡夫俗子，无由到达。

我国第二大内陆河黑河，流经巴丹吉林沙漠的河段被称为额济纳河。额济纳河还有一个名字，就叫弱水。古人为这条河取了这样一个别名，大概是因为它流淌之处，实在太遥远太荒凉，就如同神话中远离人境的神秘河。

弱水的东北方有一片早已干涸的湖盆，那就是拐子湖。这里是拐子湖气象站的所在地。

根据地质学家的研究，巴丹吉林沙漠大约形成于 110 万年前，其间经历了多次湿润与干旱气候的相互转换，沙漠便在这转换中悄然而不可抗拒地形成。而在更早的时候，整个阿拉善高原曾是一片大海。至今，人们仍能从这里的地层深处找到珊瑚和其他古代海洋生物的化石。

在地球上，能够记录沧海桑田的，除了地质，还有气象。只不过地质的记录来自地球自己保存在泥土和岩石中的记忆，而气象的记录，来自数以万计的气象员每日如一的忠实工作。气象记录不仅是科学研究的素材，也是人类作为一个拥有高度智慧的生物种群，为我们所处的自然环境保留的一份历久弥坚的情感。

因为这些记录，每一行每一页，都是用每一个真实生命的时间写成的。

许多人生命中的分分秒秒，或者流逝在忙碌而获利丰厚的工作中，或者流逝在轻松休闲的娱乐中，或者流逝在沉静深邃的思想中，但气象员生命中一部分固定的时间，流逝在对地球大气的观测和记述中。他们并不能随时看到这些观测和记述带来的成就和荣耀，但他们对这些看似刻板的工作的价值，却有着强烈的信念。这使他们无惧渺小，无惧困乏，无惧孤独，亦无惧风险。

拐子湖气象站的风雨历程，会让人们清晰地看到这种信念的呈现。这里的气象员，都是有血有肉的普通人，他们从事的工作，从表面上看并没有任何惊天动地的英雄主义色彩。这些人也在为平凡琐碎的生活消磨着青春岁月，一生逃不开生老病死，面对父母妻儿，他们也有私心，有计算，有顾虑，但这些都没能阻碍他们去做自己该做的事，去成为自己注定要成为的人。

拐子湖气象站自成立时起，始终支撑着我国天气系统最上游的气象预报预警业务，作为沙漠气候观测业务的主力，坚定地屹立于沙漠腹地，并随时为航空航天事业提供强大的气象保障服务，六十年来，重任之下，不辱使命。

第一章　沙的旋律

这里是内蒙古自治区，阿拉善盟，额济纳旗，温图高勒苏木。

在很多人的认知中，这是一个近乎于传说的地名。它远在天涯，面积1.8万平方公里，常住人口不超过二十人。

这里是一片戈壁。苍茫而辽阔，贫瘠而寂静。再往南，是被称为"死亡之地"的巴丹吉林沙漠。

1958年10月，内蒙古自治区额济纳旗古日乃乌托海庙气象站建站，1959年5月迁至温图高勒公社所在地，更名为额济纳旗拐子湖气象站。

在2013年升级为国家基准气候站前，拐子湖气象站一直是国家基本气象站。国家基本气象站，是一般气候站、一般天气站和一般农业气象站的统称，是省级气象部门建立的以观测、报告日常气象信息为主体业务的一般性气象站。

也就是说，在人迹罕至的沙漠深处建立的这个气象站，是全国整个气象站网中最平凡、最基础，甚至可以说是最不起眼的一颗螺丝钉。它在一个被判定为"人类不宜居住"的地方长时间地存在着，是因为这里有着对我国大气环境系统最基本的观测需要。

需要，就是价值。

"在我国高山、海岛、荒漠、森林等艰险地带，分布着987个艰苦气象台站，按艰苦程度分为1至6类。建于1959年的拐子湖气象站属于1类——生存环境最恶劣。"《守望在戈壁深处——内蒙古阿拉善盟拐子湖气象站的传奇故事（上）》（《工人日报》，2013年4月30日，郑莉　张玺）一文中，这样描述道。据媒体介绍，额济纳旗气象局下属，还有另外两个艰苦台站，后来都取消了，只有拐子湖气象站，因其特殊而无可替代的作用而被保留了下来。

　　全国建在沙漠深处的气象站只有两个，拐子湖气象站之外的另一个，在塔克拉玛干沙漠腹地。对我国沙漠气候的了解研究，完全依靠这两个坚守在沙漠无人区的气象站不间断观测记录所得到的数据。

　　拐子湖名字叫湖，它也真的曾经是湖。它曾是一个面积达到600平方公里的大型湖泊，湖水来源是巴丹吉林沙漠的地下水。二十世纪九十年代，这个湖已经完全干涸。温图高勒地区的气候干旱少雨，常有大风，年平均降水量仅41毫米，蒸发量却是4523.7毫米，这之间巨大的负差，造就了万里荒漠。

　　对于生活在传统居住区的大部分人类来说，风的形象都是透明的、清朗的，无论寒冷还是炎热，风都无影无踪，只在人的皮肤上留下自己的触感，在树梢、水面上留下或大或小的波痕。而拐子湖的风，超越了风固有的形态，它有颜色，有情绪，有脾气，而且，很不好惹。

　　拐子湖处在北方冷空气进入我国的主要路径上，南下的冷空气携带着它最原初的强大能量，必然带来狂暴的大风。

　　越靠近冷空气发源地，风力就越强劲。而沙漠里的风是最有性格的气候元素。它横空穿行时的举止充满了野性的骄傲，势必要让每一个人（如果这里有的话）都清楚地看到它的尖角和獠牙，听到它耀武扬威的吼叫。

　　沙尘暴是拐子湖最常见的灾害性天气，最高纪录，一年发生沙尘暴的天数是三十天，最大风速是三十八米每秒。在气象员们的记忆里，1994年和2000年，都发生过整整三天三夜的强沙尘暴天气。

拐子湖气象站观测员在沙尘暴天气中（白天）进行观测

　　这里的沙尘暴不同于别处，因为风速特别快，裸土面积特别大，两者碰撞在一起形成了爆炸式的"化学反应"，于是造出了一个大怪物——几十米每秒的狂风卷挟巨量的沙尘，像一条无垠的黑幕铺天盖地而来，遮蔽天光，带来黑暗，能见度不到一米，望之令人胆寒。有时沙子把门堵上了，要出门只能爬窗。

　　在这样的天气里，没有一个气象员敢单独行走，他们总是手挽手一起出去观测，把所有人身体的重量集合起来，镇住双脚，抵御风暴的吹袭。气象站值班室与观测场之间有四十米的距离，这段短短的路，在那样艰难的时刻，必须依靠集体的力量才能走过。

　　到达观测场，为了让观测员能在风沙中睁开眼睛看清仪器，其他人要紧紧围拢在周围，筑起肉体的防护墙。仅仅是开一下百叶箱门这样的简单操作，都需要多人协同，否则门就被风给拆了。

有一次，当气象员们拼尽全力完成工作回到站里时，才发现少了一个同事，大家立刻重新组成人链，再次钻进沙尘暴中，去寻找失踪者。原来，大风把这位同事吹昏过去了……幸好这个集体不会抛弃任何一个成员，从来不会！

　　还有一次，两位气象员为了观测沙丘移动，徒步走向七公里之外的观测目标。完成任务后，在返回的路上，他们遇到了沙尘暴，茫茫一片中，无法找到方向，其中一人走不动了，另一人背起了他。他们就这样走了整整一夜，坚持到天亮。

　　这是勇敢吗？不，这是信念。只要有两个人，就是一个集体。集体，就是为了守护信念而存在的。

气象站有一项观测之外的重要任务——沙尘暴之后马上清沙子。为了不被沙子埋掉，为了在这样极端的天气下生存下去，为了保住自己的工作岗位，每次沙尘暴即将到来的时候，拐子湖气象站都要开动员会，鼓舞所有人：不要恐惧，不要退缩；人退沙进，人进沙退。他们每年要从自己的站舍清走3000立方米的沙子，如果不能及时清除，这些沙子就会把气象站变成一座和沙漠上其他沙丘别无二致的大沙丘。

沙漠里最大的困难是缺少饮用水，这是众所周知的。

拐子湖所在的地区，地表没有水源，天上也不下雨——不但不下雨，每天在烈日曝晒和狂风肆扰下，反而还要蒸发大量的水分。水在这里入不敷出。

沙尘暴过后站内全体职工清理院内积沙

从初建站时起，拐子湖气象站的职工就依靠几公里外的一口简易土井取水。水井四五米深，用当地常见的野生梭梭柴围成井沿。这口井供养当地全部人畜的饮水，但它出产的水，水质非常糟糕，并不适合饮用——连骆驼都不爱喝。人们印象深刻的是这水的气味，用鼻子闻就知道这水不能喝，空气中飘浮的牛羊粪便粉末随时会落入井中，造成污染。用眼睛看，也能看出水的问题，井水是红色的，因为水中含氟量严重超出正常值。过量摄入氟，将会损害人体骨骼健康，造成骨质疏松。各种氟过量导致的症状在拐子湖气象站的气象员们身上普遍存在：牙齿脱落、胆结石、肾结石、前列腺疾病等。但是，这口井他们一直使用到2010年。

即使气象站现在已经有了深机井，水质依然没有太大改善。外来者到达气象站，喝第一口水时就能明显感觉水中有一种苦涩的味道。但是在这里工作和生活的人们早已习惯，他们并不觉得这水不好喝。为了节省煤气，很多人甚至直接喝生水。他们乐观地相信，比起当初梭梭柴围起来的那口水面上飘着牲畜粪花的土井里的水，深井水肯定干净多了。

像戈壁里生长的苁蓉一样，他们尽其所能地汲取着沙壤中仅存的一点儿水分，以此滋养坚韧的生命。那生命并不茁壮，但也从不屈服。

　　在植树的季节，拐子湖气象站的职工必定要植树。种下的树，他们必定会悉心呵护。也许有人觉得在沙漠里植树是一件可笑的事，高投入而低效率，每一分钟都是在浪费生命。但现在，在拐子湖气象站，已经可以望见绿意。这点儿小小的绿意，是沙的旋律里精灵般的变奏，它让人们明白：奇迹，是一朵缓慢而坚定盛开的花。

巴图，1990 年 6 月到 1997 年
10 月在拐子湖气象站工作

巴图

大家都盼着邮车来，从早上就开始等

我是从学校毕业后去的拐子湖气象站，去了就要学习摩尔斯发报电码，当时发报就用那个。我们去了后第一项任务就是练习发报和手抄电码，练得手都磨起泡了。当时有个副站长叫乎炳智，报务水平相当高，手法也好，他每天教我们，晚上教，中午还加班教。气象电报有行业标准码，例如0到9，跟平时写法不一样，要练习写标准码，像练字似的，必须练好。而且还要学习操作发报机，再就是要戴耳机抄电码，一分钟抄80码左右，如果发报速率特别快，得压上一组电码才能抄上，否则就抄不上电码。我刚接触发报机的时候，觉得很难学，老抄不上。当时就在一个平房里，桌子都没有，只有一张乒乓球案子。我们新来的五个人就围坐在乒乓球案子边上，听老师讲。要是抄得不好，发得不太标准，老师肯定说你。他教完以后，我们一个一个练，主要看你的手法行不行，他戴上耳机，就能听到你发报的点和划清楚不清楚，要是手指不利索，点和划就分不清。

我们一起去的五个人里，最短那个待一年多就调走了。因为一年后转正，转正就可以有四十天探亲假，那个人探亲期结束后直接办调离手续调走了，剩下我们四个人。我待了七年，时间最长，剩下的陆陆续续也都调走了，有两个是一男一女成一家子了，他们调到了另一个站上。其实我们就是一个补充，我们能上班以后站上基本上走了六七个人，老职工把我们带出来后，陆陆续续都调走了。

二十世纪八十年代的拐子湖气象站

当时我们跟当地派出所关系特别好，业余时间不是我们过去跟他们玩儿，就是他们过来跟我们玩儿，一到晚上就一块儿坐一坐。还有苏木上的卫生院、邮局、粮站、商店、信用社的职工，都是年轻人，跟边防派出所的人打篮球、打扑克，那时候玩扑克牌游戏"撒蛋子"，就是"打蛋子"，还玩他们当地的"双抠"。

最高兴的事是上面领导过来，伙食会改善一些。还有就是十天一趟的邮车，邮车里有家人或者朋友的信，或者是旗上家属给捎带的食物。大家都盼着邮车来，从早上就开始等。那时候邮车到达时间没有保障，有时候等好几个小时。车不太好，走走就停了，我们也不知道几点到，就等啊，望着，我们在这儿就能看到那个挺高的坡，一看到车已经到坡上了，就特别高兴，一群人呼喊。第二天早上邮车就走了，它一个是带邮件，再一个就是让当地有急事的牧民搭便车走。那时候没有什么超员不超员，反正谁能挤上去谁就走。

电话有时候通，有时候不通。那时是那种手摇电话，有个交换机，要接根线，接上才能通，有时候线路断了，电话也打不通。

沙子全往脸上打，眼睛根本看不清

当时我们6月去的，待了一个星期，有一天沙尘暴来了，菜地的围墙就被吹倒了，第二天，学习也学不成了，就开始弄土坯，把墙砌起来，要是不砌的

拐子湖气象站观测员在野外进行沙尘观测

话，菜地就被埋掉了，必须砌起来。1997年的那场沙尘暴，沙子把围墙冲倒了，沙子全部进到院子里。有时候刮沙尘暴，头天晚上把门上的沙子清掉，第二天早上那个门就又被沙子埋上，又推不开了，全是木头窗户，沙子特别多。

最大一次沙尘暴，我记得，正好赶上我观测。是下午两点观测，还有换自记纸，全手工的，还要下去读温度表，读完温度表以后，眼睛里就进沙子了，看不清，要回来处理那是不可能的，必须得先把这个任务完成。我就眯着一个眼睛把自记纸换下来、把报发出去。

沙尘暴来的时候，沙子全往脸上打，眼睛根本看不清。那时候气象站没什么保护措施，连防风镜也没有。沙尘暴有时候能刮一晚上，从下午一直刮到第二天早上，一会儿强，一会儿中，一会儿弱，来回不停地刮。

按规定，整个发报过程为十五分钟，包括观测十分钟、编报五分钟。不管什么情况，再恶劣的天气也得在十五分钟内把报弄好、发出去。天晴的时候估计五六分钟就观测好了，但是沙尘暴天气，十分钟就特别紧张，还不能提前观测，要卡时间的。

沙尘暴一般4、5月开始就有了，早上起来就刮，刮到晚上。东风刮几天，完了停一天，西风再刮几天。反正就东风刮完西风再刮。夏季也有沙尘暴，不是太频繁，但是一个月怎么也有个四五次。

沙尘暴来了，就要编数据、发电报。我们刚上班时对业务不是太熟练，沙尘暴一来，我们就把站长叫来指导业务，他看到不对的地方就纠正一下，尽量把报发对。

不高兴了就去滩里走一圈，自我调节吧

我是1994年在拐子湖结的婚，算起来她（妻子）还是我的师傅呢。她比我早两年来这儿，以前那师傅把我带得差不多就调走了，我也能上班了，但是还有不太熟悉的地方，她就接着教，不懂的我就问她。

孩子是1995年出生的，我们是1997年一起出来的。孩子两岁，马上要上幼儿园了，苏木这边基本上都要撤走的样子，有的粮站、邮局就留下一人看护，学校就更没有了。我们跟当时的姜峰处长说了这种情况，他说你就调走吧。当时正好有几个中专生分下来，他们理论基础好，实践方面还得有师傅给教一教，把他们带出来后，我们也成师傅了，然后就调走了。当时诺尔公有个气象站，那里有幼儿园、小学，我就调过去，在那儿待了三年。三年以后，那儿的小学也撤了，孩子又上不了学了。我就又跟姜处长说了这个情况，他说额济纳旗有小学、中学，要想孩子上学不耽误，就只能调到那边。那时额济纳旗刚好有一批老同志退休，姜处长就把我调过去了，孩子上学这个问题算是解决了。当时只能是孩子上学这个理由调，其他没有理由，处长还挺好，都给办了，小孩上学也没耽误，这件事情上我挺感激姜处长的。

其实我感觉那时候就是稀里糊涂的，也没多开心的事，反正就那样过。主要还是伙食的问题，平时吃的都是甜面片，实在馋得不行就买几个罐头吃，因为没啥吃的。那时候一只羊一百块钱，一发工资，凑上十来个人，每人十块钱，就牵回来一只羊，自己宰，喝顿酒。一只羊可以吃好几顿，第一顿煮着吃，第二顿先把肉剔下来，留着第二天、第三天再吃顿饺子。

过春节就是在站上，站长基本上都在。那时站上有辆北京吉普212，每个月拉一次菜和肉到站上，春节期间送两趟。在气象站过节还是比较热闹的，我们自己做年夜饭，大年初一当地政府还有个团拜会。当时有个文化站，年轻人吃完饭就到那儿一块儿待着，可以看电视，有时候放舞曲，跳交谊舞，女舞伴少，就那么几个，一个跳完，下个男舞伴就赶紧抢。

最揪心的就是小孩。我们小孩在阿拉善左旗出生的，六七个月抱下去，他就断奶了，没奶以后就吃奶粉，也掺着吃米粉。当时他一直吃从左旗（当地人对阿拉善左旗的简称）买的一个牌子的奶粉，就吃惯了，吃完以后就从额旗（当地人对额济纳旗的简称）带，他吃上就不行，每天就哭闹、拉肚子，最后就成肠炎了。当时奶粉也带不进来，从左旗带很费劲，要通过班车带到额旗，再托个人，有邮车才能带进拐子湖。小孩病了后又抱回左旗住了一段时间，肠炎，天天拉肚子、发烧，晚上睡觉哭闹得不行。去卫生院看，也就只能吃点儿退烧药或者往屁股里塞退热栓，再没有其他办法了。后来带回左旗看，六百多公里的路程，也要等好几天，要先等两天一趟的班车来额旗，然后才能进左旗，孩子也受不了。那时候医疗条件就那样，没办法。后来孩子也老犯肠炎。

孩子刚学走路那会儿，从左旗带了一个学步车，把他放进去，就可以拖着学走路，后面就是抱到沙子上玩玩沙子，那时候沙子比较干净。玩具很少，因为当地买不上，只能让朋友给带。记得当时有个软的、塑料的刺猬玩具，一捏嘎吱嘎吱响，用那个逗，要是孩子哭闹，嘎吱嘎吱一捏，就逗好了。出去就是遛一遛，就转回来，完了就抱去苏木坐一坐，去派出所逗一逗；没有小伙伴，偶尔有个牧民家的小孩过来，跟他玩一玩；羊、鸡，还有架上喂的兔子了，弄到家里来要一要。小兔子是公家养的，十几只吧，它们繁殖挺快，我们拿回去两只，养养它就下小崽。

出来以后，孩子放左旗了，我们在那儿工作就没往下带，放在他姥姥那。他现在（2016年）二十一岁，在郑州上大二，学工程设计。

我们刚去的时候，气象站环境还挺好，院落也挺整齐，后来沙子把院墙全部推倒了，基本上把那个站要埋掉了。当时就剩六七个人，又没有机械，根本没有清沙子的能力，环境是越来越差了。我们走的时候，那个院墙跟沙子已经平了，不用走门，一叉腿就翻墙出去了。测场也是那样，环境特别恶劣。主要是经费问题，工资都发不出了，这个月发上个月的工资，差着一个月。那也没办法，走了可能这工作就没了，就只能在这待着。

那时候正好苏木镇要撤走了，人越来越少了，心情肯定不好。没有别的，还是自己调整，不高兴了就去滩里走一圈，自我调节吧。跟父母说呢，父母又那么远，打个电话有时候通，说上两句就断掉了，跟谁说去，真是这样。

二十世纪八十年代的拐子湖气象站侧门

2008 年的拐子湖气象站

2010 年的拐子湖气象站

　　多年以来，一个基层气象站最常见的模样，就是这样：一排简陋的、和其他农村建筑没有什么太大差别的破旧平房。如果不是旁边立着雷达，屋子里摆放着发报机，没有人会想到这里和全国气象网络紧密地联系在一起。他们夜以继日地进行科学观测，绝无间断地为一种高科技运算提供必不可少的数据。

　　拐子湖气象站也是如此。或者说，作为明确被评定为全国"最艰苦"的基层气象站之一，其重要性与其生活上的窘迫和无奈对比，反差大到让人惊诧。

2010 年 2 月摄于职工宿舍

很多拐子湖气象站的职工，当年刚进站时，都被眼前的景象吓哭过。令副站长王毅永生难忘的是，一下车就看见三个长发披肩的男人——都是他的同事在铲沙子。这一头"秀发"，他们留了一年。因为没有地方理发，气象站的男职工们只能任由头发生长，有时候太长了，披散着也不方便，便干脆扎起了马尾辫。如果不是总在挖沙子，他们身上想必都散发着艺术家的气质。

现任站长那木尔描绘过一幅相似的画面，单位里有一位一开始是平头发型的男职工，留站一年后头发炸成一大团，就在头顶扎了个辫子，脸上也满是胡须。可想要理发，也只有等轮换到他能离开气象站的时候。

两次进拐子湖气象站工作的许兆峰，第一次来是在1978年，他赶上了拐子湖气象站最困难的时期，过的是典型的拐子湖生活：喝的井水浑浊不堪，还要用毛驴拉回来；值班点煤油灯，一个夜班下来，鼻腔、喉咙里都是黑色的东西；粮食定量供应，一个月三十斤粮、三两油，过年才有顿肉吃；平日种菜、清沙这样的体力劳动一样也不能少。1991年离开后，时隔15年，许兆峰又返回了拐子湖气象站。这时孩子大了，没有后顾之忧，又恰逢机关改革，号召大家去艰苦台站，拐子湖的老伙计一煽呼，他就心动了。在他的记忆中，那个地方除了不宜生存，别的都很好。许兆峰的儿子说，对于父亲，他只能用"伟大"来形容。

有记者在拐子湖气象站采访时，被问到一个奇怪的问题：你在北京看到那么多车，害怕吗？记者感到很震惊，但问的人很认真。他们平时看不到车，因为没有人到这里来，他们到别处去，一看见路上车流滚滚、人潮起伏，心里就莫名烦躁。也许是因为太习惯于看到空旷的沙漠，他们的大脑在处理那些居民密集地区常见的车水马龙的景象时，已经十分艰难了。

很多气象员都说，来拐子湖之前以为自己已经做足了心理准备，但看到气象站的第一眼，还是被现实打懵了。二十世纪八十年代进站的职工，甚至还需要一边用木头铺路一边走，不然车都进不来。有件令许多职工记忆犹新的事，那就是一来就清沙子，清了两个月。进站第一天，有的大男人哭了一晚上——几年后离开时，他们也同样哭了。

拐子湖气象站所在的地方原来是苏木镇，镇里有学校、邮局、卫生院，还有一家小卖部。从二十世纪九十年代开始，沙漠渐渐侵蚀扩展，生态环境恶化，于是居民一天天迁离，村庄一天天凋敝，小卖部关门了，学校、邮局搬走了，邮政班车也停了。可以想象，在呼啸而空洞的风声中，放眼望去，永恒静止的沙漠，人走屋空的村落，一切人类的造物都在风沙的磨砺下无可挽回地衰朽下去，只有自己是活着的。

这种感觉，是不是很容易忍受？

不是。人类聚集而居，逐丰沃之地而生。在贫瘠荒地上离群索居的生存方式，与人的本能、天性背道而驰。只要是有血有肉的人，就绝对不可能享受它。

2006年，拐子湖彻底被沙漠吞没，再也没有了经营维持下去的条件，当地撤乡并镇，乡不复存在了。方圆一百公里内，只剩下一个气象站、一个边防派出所，还有一个不愿离开故土的老奶奶。老奶奶七十多岁，独自住在已

经废弃的村子里。气象站的职工们在工作之余，会和边防派出所的战士们一起帮她拾柴、打水、送菜。

有一次老奶奶的电视坏了，她站在门口，望着气象站的方向，久久伫立，却不发一语。直到气象员们发现，过来问她怎么了，才知道她在寻求帮助，便为她修好了电视。

2008年汶川大地震后，老奶奶主动来到气象站，拿出了一千块钱，托气象站的职工帮她把钱带到旗里捐了。她是五保户，唯一的经济来源是政府每个月发的三百块钱补助。她从电视里看到为地震灾区募捐的消息，可在这个荒废的村落里，她已经找不到地方捐款了，能委托的只有气象站。

这是一种相依为命——在这个白天炎热、夜晚严寒、不通水电、没有人烟、寸草不生，连游荡在空中的无线电波都时有时无、隐隐约约的地方，人们唯有互相给予温暖，彼此扶持，心理上才能够支撑下去。

2008 年的宿舍

2010 年的宿舍

2010 年的厨房

人活着就要吃饭。在拐子湖，吃饭是另一件艰难的事，因为附近买不到任何食材。气象站所需的一切生活物资，要到两百公里外的额济纳旗采购。为了能一次多买点儿囤起来，他们主要吃白菜、土豆，经放。肉一个月买一次，有时路上耽搁久了，肉变得不新鲜，甚至坏了，用酒泡一泡，也照样吃。如果实在没有菜，就随便拌点儿辣酱，送点儿白饭、素面下去——能活着就行。

至于出行，最早的时候，气象站职工的代步工具是骆驼，往来额济纳旗，要骑好几天。夜里在戈壁滩上露宿，倚着骆驼，望着浩瀚星河，像个来自远古的旅行者。站里还养过两峰骆驼，当时的站长能从一大群放牧在湖心草滩上的骆驼里，把站里养的骆驼认出来。

二十世纪八十年代，气象站有了汽车。那时候站里只有一个司机，名叫刘天保。以前他也是观测员，有了汽车后，他就当上了司机。

刘天保在拐子湖开了三十年车，孩子出生、母亲去世，他都走不开。因为没有了他，气象站就等于没有了腿，也就没有吃的、用的，什么都没有。

沙漠上不存在道路，也不需要道路，汽车开上去，只要方向没错，想怎么走就怎么走。有时候车子说坏就坏了，一坏坏两三天也不是稀奇事。刘天保说，车坏了就只能走，不能等，不要把希望寄托在有别的车路过，你等不起。在沙漠里，等车就是等死。

二十世纪六十年代的拐子湖气象人

可是，不等，也一样危险。1997年的夏天，刘天保开车带着当时的站长刘福军和其他几个人出去。车坏了，刘福军去找牧民点求救，他顶着40 ℃的高温，在外面走了好久，牧民点没找到，人却几近虚脱，差点儿没能回来。刘福军的妻子陈晓红当时也在那辆车上，她十分后怕地说，刘福军被热得头都抬不起来了。最后，他们在车底下等了两天两夜，终于等来了一辆邮车，解救了他们。

好几个职工对另一次"抛锚"心有余悸。那是他们亲身经历过的死里逃生。2004年的冬天，气象站的车出去采购年货，又坏在了路上，气温低至零下30 ℃，能烧的东西都拿来烧火取暖了，食物吃完了，汽车水箱里的水也被喝光了。大家只得夜行二十多公里，终于找到一户人家，借宿了一晚，这才免于被冻死。每次回忆起这件事，这些职工都觉得既恐惧又幸运。

拐子湖气象站所处的地理位置决定了他们每出门一趟，都可能遭遇在无人区游弋的死神。这不是浪漫的文学描写，这是事实。

然而待在气象站里，也不一定就安全无虞。

气象站附近找不到能干活的民工，所有重体力劳动都依靠自己的职工。二十世纪九十年代进入拐子湖工作的石永宁说，感谢在拐子湖的经历，以前他体质很弱，后来在气象站每天摇柴油发动机、在沙漠上跑步，身体变得棒棒的，十几年都没生病。在养生方面他还有了自己的一套心得——主要是在心里一直告诉自己，绝对不能生病。

在根本谈不上交通的拐子湖气象站，人不能生急病，尤其可怕的是急性阑尾炎、脑溢血或突发心脏病。因为只有二十多个人常住的地方不可能有医生，而到最近的医院额济纳旗车程也要两百多公里，且路况极差，单是一路的颠簸，就会使病人的病情雪上加霜，万一病发在晚上，开车走在戈壁中，极可能迷路，那就怎么都到不了了。

即使不是大病、重病，想自己用点儿药死扛，也扛得很辛苦。有人刚做完手术就回来工作，没有办法去做定期复查。有人胰腺炎发作，疼得在床

上边哭边打滚，实在不行送去额济纳旗当肠胃炎治了三天，病情转危，只得再送酒泉，最后进了重症监护室。更让人难过的是，站里的女职工怀孕了，连产检都做不了，临产才送去旗里，胎儿什么情况都不知道，真的是过鬼门关。2003年建设自动站时，前任站长李福平在工地上干活，脚被毒蜘蛛咬伤，拖到有机会去看病时，小腿都黑了，医生说再晚去一点儿就得截肢了。

对气象站职工来说，比"自己生病"更让人害怕的，就是孩子生病。这里有过几对夫妻，他们都表示，在有孩子之前，并不急着离开，工作很安心，但有了孩子之后，他们根本不敢在这样的环境里养育孩子，一旦遇到孩子有什么突发状况，那是一种"绝望"的感觉。这时，能走，就要快点儿走。

五十多年来，在拐子湖气象站，人的身体的控制权不是自己的，工作和环境各主宰一半。为了工作，他们必须忘记身体最基本的需求；受困于环境，他们要学会对病痛和恐慌习以为常。

2000年，刚满五十岁的刘天保退休回到了额济纳旗，实现了他想要离开这里的梦想。气象站有了别的司机，后来也有了通往城镇的柏油路。气象站种了蔬菜，养了兔子和羊，后勤保障大有改善。气象站里又来了不少年轻人，其中也包括刘天保的儿子。气象站没有那么需要他了，偶尔，他还在梦里开着他那辆饱经风霜的车，为了气象站，在无垠沙漠上奔跑。

曾担任过站长的王志刚，离开拐子湖气象站数年后，则是做着另一种梦。他时常梦见大风把种菜的大棚帘子掀掉了，甚至把大棚刮倒了。这对他来说是非常可怕的噩梦。他还总梦见有人不小心睡着导致漏报、缺报，这种对责任事故的紧张感从未离开过。

王志刚说，他虽然只在拐子湖工作了短短三四年，但心永远留在了那里。这颗心不愿意遗忘在那里经历的任何一点儿酸甜苦辣的回忆，那就是他最重要的人生。

许延强，曾经在额济纳旗气象局工作，2010年2月8日起在拐子湖气象站工作

许延强

看见别人来站上，我们就特别高兴

当时拐子湖气象站正好改革，这儿的人业务不是太精，让我过来指导一下工作，就这样进来了。2010年进来以后他们给我做工作不让我走，把我"扣"在这儿了。家还在额旗附近，以前倒是想回，现在也回不去了，因为这地方好些业务或者后勤方面他们不懂，所以不敢让我回，我只能待在这儿。业务方面，主要是地面观测，现在基本啥也干，维护电站、锅炉、水管。1991年的时候我来过拐子湖，当时全部是土房子，2010年来的时候，楼房盖了一半。

我祖籍北京，出生在拐子湖。我父亲是在拐子湖气象站建站时支边过来的，当时骑骆驼进来的。后来父亲调回额济纳旗，我就跟着回去了，那时候我一岁多，不到两岁。那时候没啥吃的，就是白菜、土豆，别的啥也没有，不像现在我们自己种菜。那时候有公社，人还比较多，不像我来那年，加起来总共十几个人，我们站上六个，派出所八个，还有旁边一个五保户老太太，就这点儿人。那老太太现在已经去世了，当时我们给她劈柴、挑水，她不会汉语。当时她不愿意离开，觉得这个地方好，好像咱们旗政府有专门给她提供补助，逢年过节我们也会去看她，给她送点儿东西。

我来的时候（2010年）这里没水、没电，当时有个小的太阳能板，只供发报用。有口井，抽时间长了，就干了，得再缓缓，所以基本上没水。我们也有个小潜水泵，但是抽上两小时水就没了，就得放放，让水慢慢聚拢过来以后再抽。那水是咸的，含氟量高，所以碱性大，不适合直接饮用。第二年，气象部门自己投资打了一口机井。

我带着媳妇来的，她一直跟着我待到现在。孩子大了，都工作了，都不在身边。

我母亲七十多岁，身体还行，我妹妹在她身边。我现在一个月回去一两天，孩子在左旗，我1988年最早参加工作就是在左旗的锡林高勒牧业气象站，1995年我调回额济纳旗，2010年来到这儿。

劳动完以后，晚上吃完饭，我们就打打篮球、打打扑克、聊聊天。有些人回去探亲或者出差了，回来就给我们讲讲外面的所见所闻或者额旗有什么新鲜事，因为这儿经常出不去人。那时候因为没电，所以不能看电视。我会给他们讲鬼故事，或者本地的一些乱七八糟的事，瞎讲，也是听从拐子湖出去那些人给我讲的。

那两年最开心的事是看见别人来站上，我们就特别高兴，跟过节一样。因为在这儿长期见不到人，有人来就特别高兴，而且别人来了可以跟我们讲讲外面的一些事情。这里没电视看，在这儿的几个人来回聊，事情已经聊完了，所以就挺闷的。来的人大部分是进行业务检查的，或者哪个单位过来参观的，就盯住这一个气象艰苦站，过来看一看。来了就聊天，讲故事给我们听，有的能带点儿电影给我们看。

现在可以看电视了，在会议室有个投影仪，放大片，坐那看会儿、聊会儿天，网络也通了，所以现在条件相当好。

现在这个条件的话，我觉得最舒服的是冬天。首先是没风，二是咱们住楼房，自己烧锅炉，也挺暖和，而且外面基本就没啥活儿了，都在屋里待着。冬天也会下雪，有个五六厘米，前面一望无际，白白的，高兴就出去堆雪人、打雪仗，也挺好玩儿。我们几乎不往远处走，因为习惯在院里待着，看咱们院里，就跟城镇一样，但是出去以后就特别荒凉，全是破房子、烂房子，现在全部推掉了，没人住。周边苏木有四合院，全是土坯房，二十世纪八十年代撤走的时候，门窗让人卸走了，但是房子扔在戈壁滩了。

我在这儿看过下雨以后出现的霓虹，所谓的"双彩虹"，在东面，特别漂亮。再就是我挺喜欢看咱们这儿的夜空，就感觉星星特别近，银河、北斗七星、北极星、牛郎星、织女星，啥都能看到，尤其没有云的时候，特别清亮。或者是看马上要落山的夕阳，圆圆的、红红的，特别漂亮。

现在站里看书的人少了，想了解什么都是从互联网上看。当时没电的时候，到了晚上该睡觉就睡觉了。但是夏天的时候，睡不成，凌晨两点的时候外面凉快点儿，还能睡，但是蚊子特别多，都在外面睡，睡到清晨五点钟。

这里就像我的家一样，对一草一木都有感情

我想拐子湖要变得更好，首先是绿化，绿化好了，就会感觉特别舒服。我们栽了树，主要是保障它们的存活率，现在也只能活20%到30%，因为缺水，最早的时候我们用小四轮车，拿个大桶装了水，一棵一棵浇，我现在基本天天都去浇水，怕它们渴死。后来我们又种了一些果树，枣树、杏树、桃树、苹果树、梨树都有，活了一部分。

我感觉这里就像我的家一样，就有这种感觉，因为咱们站里的人、站上的职工比较团结，而且比较亲，有什么事大家都去帮忙。一个是人，再一个咱们这儿所有的建筑垃圾都是我们自己弄出去的，现在又绿化了，所以对一草一木都有感情，尤其是养的动物，我们养了二十多只鸡、八十多只鸭子、十二只珍珠鸡，还有二十多只鹅。有一只大猫头鹰每天凌晨一两点钟就来，来一次必须带走一只鸡或者一只鹅，每天一只，总是来，反正天天来一次。我们这儿最大的公鸡，大概十五六斤，能追着叨人呢，猫头鹰能把它抓走。每天晚上我们就守在那儿，它来了我们往出追，大门一响，它马上就走了，

要是人不出去，它就跳下来追鸡，看哪个好就抓走，每天一只，哎呀，全抓走了，天天抓一只。

狐狸也经常来，最多的时候一晚上能看到四五只。有次是清晨，太阳还没出来，但是天已经亮了，我媳妇出去扔垃圾，狐狸追她，把她吓得往回跑。也有乌鸦、斑鸠来，斑鸠跟鸽子一样，这些就是咱们这儿的动物。

2014年的时候咱们满院子都是野兔子，为啥？咱这儿都是苜蓿，杂草多，兔子来以后就把这儿当家了，太阳能板底下有阴凉，吃饱了，往那儿一躺，人走到跟前，离它也就一米远，它看都不带看你。

1991年我来的时候，这儿的刺猬相当多，一晚上抓四五十只没问题，都是大刺猬，会出来吃菜，这几年见的特别少了。2010年进来以后，可能见过四五只，再就没见着。1991年的时候，这儿有一个假山，假山周边是个池子，里头干着呢，我们就把刺猬抓住放进去，养上，又抓了条蛇放进去，看蛇和刺猬谁厉害，打着玩儿，结果最后刺猬把蛇吃了。

我现在每天早晨就扯点儿草喂兔子，不给它喂饲料，冬天没草了，就买点儿麸子拌。咱们这个草坪的草已经拿打草机打掉了，树沟里面的草，把侧面的割掉以后，很快就长起来了。兔舍我们是拿水泥弄的，底下拿砖垒起来，水泥抹起来，上面也盖了一层。2015年的时候兔子太多，当时我们就留了一只公兔、三只母兔，它们自己下崽，一个月一窝，一窝多的时候十来只，少的也有四五只，一共有六十多只。最后没办法养了，人也累了，再说也没草了，饲料也没有，就都宰了。

我来了以后才开始养狗的。狼狗是我抱回来的，还有两只是那木尔不知道从哪拉来的，当时还很小，唯独那个德国种牧羊犬，当时抱来就很大了，剩下都是小狗养大的。这些狗都有名字：德国黑背叫"大黑"；哈士奇叫"雪儿"，我给起的；藏獒叫"班布"，蒙语中黑熊的意思；"虎妞"才来一个多月，这狗来的时候快饿死了，连路都不会走了，不知道是哪个牧民家的，养不住了，那木尔捡回来的。

拐子湖气象站的绿化和小动物（摄于2016年）

　　哈士奇一直拴着，以防万一，出去肯定会咬羊，它习惯了，就是打它，它也这样。它咬过一回羊，还把我们的鸡抓了，偷着咬死八只，齐齐地摆在树沟那，而且鸡死了以后就不动了，头到嘴这个方向都是红的，头是头，脚是脚，摆得可齐了。

哈士奇咬羊那天，我正好要回家探亲，母亲有点儿事让我回去帮着干，那木尔说再等等，他看的电视剧还有半集就完了，我就回楼上换好衣服，然后下楼等他，等他把这半集看完，我们就准备走。谁来跟我说哈士奇跑了，过了一阵儿哈士奇没回来，派出所的人来了，领着牧民来的，我说啥事？他说你们的狗呢？我说在呢。他说把人家的羊咬死了。我说没有吧？迫不及待地出去看，哈士奇已经回来了，嘴上、胸脯上全是血，我说完了，这就没招了。我又上楼把衣服换成工作服，提把刀就下去了，那木尔问提个刀干啥？他以为我要和牧民干架。我说干啥？哈士奇咬了羊，你不扒羊皮吗？说完开始派车，把人家被咬死的羊都给拉回来，挨个扒羊皮，一直扒到晚上，扒半晚上扒完了，打的肉干，自己晾上。牧民被咬死的羊，按斤给你算，一斤三十五块钱，一只羊咋也得三十多斤，一共赔一万多块钱。咱做理亏的事了，咋办？只能赔礼道歉，说好话，人家倒也愿意，正好卖给你了，把钱一给，风波也就平息了，要不然人家还不让。哈士奇咬的羊都是大的，哪只肥、哪只大它咬哪只，奇怪了。牧民看见这只狗咬羊了，狗就跑了，当时以为是狼呢，后来到派出所报案，派出所觉得肯定是拐子湖气象站的，直接就找上来了。

养狗就是因为孤单，没啥事干，有个伴儿，当宠物领着玩儿。像哈士奇，知道要去观测了，咬上我的袖子，把我拉上就走。实际上它也是无聊，跟你逗着玩儿呢，因为我跟它惯，它最喜欢我，只要一放开，就往我身上扑，在我身上趴着。它没咬过人，那个德国黑背有一次差点儿把牧民咬了，牧民来的时候，黑背没拴，一下扑上去咬，让我给抱住了，差点儿闯祸。

那个藏獒的脚有次被山里的芦苇扎烂了，生了蛆，他们就拿镊子把蛆夹出来，等我回来以后，又生了蛆，我又给它治，开小灶，每天给它喂肉、喂熟食，要不它起都不起来，眼看着就不行了，挺心疼的，现在它身体也恢复好了。一般我喂它，也就喂习惯了。有一天我媳妇没按点喂它，反正去得晚了吧，它跟我媳妇生气了，就跟孩子一样，媳妇拿着肉给它，理都不理，我媳妇给它说好话："我确确实实有事，忘了你了，忙啊，求求你赶快吃！

许延强和"雪儿"

求求你吃吧！"它这才肯过来吃，而且必须我媳妇把肉放在手里，它才吃，你放在那儿让它吃，它就不吃，就跟娃娃一样，比较可笑、好玩儿。这几只狗，现在就跟我们的娃娃一样，撒娇的撒娇，耍性格的耍性格，挺有意思！

有三十二圈年轮的老树，连根拔掉了

沙尘暴厉害的时候，应该就是姜峰来的那年。他那会儿是刚到这儿当领导，有次刮了一场沙尘暴，当时我们这儿剩下三棵老树，全部连根拔掉。我们连夜去额旗买的电锯，回来把树锯成一节一节的，全拉出去。后来我数了一下年轮，三十二圈，连根拔掉了，你说沙尘暴多厉害！

沙尘暴来的时候是白天，我当时拍了几张照片。当时刮进来的时候挺安静，没声音，起来以后，乍一看就像一堵墙过来了。大家想到的第一点就是关窗户，要把窗户先关好，要不弄得屋子里面全是土；第二点就是拿照相机拍照，全给拍下来。关上窗户，拉上窗帘，就在家里面待一会儿，谁也不敢出去，也不能出去，全在站里待着，等沙尘暴过去以后，再出来看看损失多大，该收拾的就赶快收拾。

观测的时候，下刀子你也得出去，那阵儿实在没办法，就两三个人一块儿，只能那样，拴绳子是有点儿夸张了，没那么悬，但是手拉手是有的。以前咱们人工观测，得一个一个记地温表的数字，那么多数字一个人肯定不行，就得两个人或者三个人，有人给你挡风、打手电，你去记笔记，那会儿风太大，瘦点儿的能给吹走，只能手拉着手。观测本就不敢拿，为啥？就怕大风把观测本给撕烂了，一般就拿一张纸或一个笔记本去，挨个记下来，回来再抄上。实际上，按规定是不应该追记的，但是没办法，一旦观测本被撕掉一页，咱们的原始记录就丢了，所以就想了这个办法。

沙尘主要是对建筑有损坏，像我们的大棚，直接全掀走；对仪器的损坏不大，以前地温表是玻璃管，沙子打上去就碎了，现在咱们都是用传感器，是金属的，这就影响不大了。

以前观测的时候，那阵儿因为地温场上也是温度表吧，他们有一个小的观测场，用一个小围栏围了一圈，一场沙尘暴过来，就全埋掉了，找不见这四根管子，只得拿手挖，挖出来后观测。我来以后，把这小围栏取掉了，因为小围栏挡沙子，沙尘暴过来以后，沙子就堆积了。把围栏取掉以后，我和媳妇两个人，拿簸箕把里面的沙子一簸箕一簸箕地端着倒出去，端了三天，倒完以后，现在好了，啥也不积。

第三章 ／ 最寂静的日与夜

见诸纸端的各种关于拐子湖气象站的描述中，最令人无法回避的，就是"寂寞"二字。

所有人都说，对于生活的艰苦他们不以为意，但寂寞真的很难熬。这种寂寞是没有边际的，无论怎么走，都走不出它的笼罩。

沙漠和汪洋的共同点就是一望无际。有一门专门的学科，叫作"航海心理学"，它教授海员们如何在漫长的航程中与闭塞的环境、巨大的工作压力、对亲人的愧疚和内心深刻的孤独感作斗争。

在沙漠深处工作的人也应该有自己的心理学课程——之所以没有，也许是因为，在这种极境下长期工作的人实在是太少太少了。

拐子湖气象站离阿拉善盟盟府六百多公里，离额济纳旗旗府两百多公里。它最近的邻居是一个边防派出所，在一公里之外。走出气象站，是空空如也的废弃村镇。气象站内，直到2014年10月，才刚刚开通网络。

2009年前，这里不通电话。以前的邮局有个公用电话，是手摇的，摇一次，两块钱，通话一分钟，七角钱。这种古董，大部分人有生以来连见都没见过，而二十世纪九十年代末在拐子湖工作的年轻人，想和异地的恋人联系，要么写信，要么用手摇电话，通话两三分钟，信号就会断掉。

这里也不通电。很长时间里，气象站的发电机只给发报机供电，日常供电时间是晚上八点到十点。用不上电，就根本谈不上现代生活：取暖靠烧梭梭柴；防暑靠自然降温；职工值班和日常起居的照明靠点蜡烛和煤油灯；业余时间靠听装电池的收音机、听磁带、打牌、喝酒解闷，打牌输了钻桌子、画胡子、贴纸条。他们笑着回忆说："这就是我们的乐趣。"

后来有了风力发电、太阳能发电，电够用了，可用来干什么，没有人知道。在气象站工作的年轻人，进了城，想去网吧消遣一下，却连最常见的电子游戏都不会玩，只能尴尬地等着网吧老板手把手教。

他们在站里养了一些鸡、狗、兔子，没事逗逗小动物，要么去铲铲羊粪，都能打发时间。总之，想尽办法找点儿事做，毕竟航危报观测发报一小时才一次，其他的分分秒秒，都在丝毫没有变化的状态下极其缓慢地流逝着。在这里，时间像一团半凝固的油泥，粘住了本应该灵动、鲜活、健壮的年轻生命。

拐子湖气象站里的小动物（摄于 2016 年）

拐子湖气象站人的坚守精神，得到了气象系统内外的一致肯定和高度赞扬。但是"坚守"背后的代价，只有在这里工作的人才能真正体会。他们向很多人讲述过相同的故事，在所有的故事里，打动人的不是苦难，不是奋斗，而是那些超出人们想象的寂寞所划下的累累伤痕。

采访过拐子湖气象站职工的记者都有一个共同的印象，就是气象员们普遍不善言辞，很多人即使因工作调动已经离开拐子湖多年，也时常因为人际交往的无力感而备受困扰。对外来访客，他们习惯使用非语言信息：凝视表达欢迎，流泪表达热忱，举杯痛饮和酩酊大醉表达交往的愉悦。交谈，是他们很难自然参与的活动。

婚姻和家庭，在拐子湖气象站是难以言说的话题。

从1959年建站时起，在这里工作，就意味着个人问题很难解决。他们出不去，外面的人不愿意进来。1992年邮局停业，身在拐子湖，连电话也打不了。跟一个连电话都不能给自己打的人，要如何恋爱、结婚？更何况，在气象站工作，一年只有一次休假，一次休假只有三十天，一个家庭以这样的模式分隔两地，要生活下去实在太艰难了。

因此，这里的气象员们，没结婚的不知道什么时候才能结上婚，结婚了的也相当于没结婚。有些人的婚姻，不可避免地出现了问题。

后来，阿拉善盟气象局对拐子湖气象站制定了一项"派出"制度，每隔三至五年，会有新的职工调配进站，原来的老职工就可以离开了。但1995年之后的很长一段时间，这项制度暂停了。因为阿拉善盟气象局编制满了，没有再进新人，没有新人补充，老职工就要坚持在岗，一坚持就是十几年。

2010年，阿拉善盟气象局发来通知，所有拐子湖气象站的职工都有机会选择留下或是回额济纳旗气象局，大部分人选择了后者，这是可以理解和非常值得尊重的选择。由于气象站职工大部分是阿拉善盟本地人，阿拉善盟气象局还做了规定，没有成家的职工，全部调到家庭所在地的气象局，便于在老家寻找结婚对象。一切措施都是为了在艰苦台站工作的气象员们能像普通人一样，有一个稳定的家庭，有一个稳固的依靠。

每个人的人生都只有一次，没有谁的人生就该注定孤独。

但孤独仍然挥之不去。无论制定多少查漏补缺的制度，都无力与广袤大漠上的风抗衡。这无时无刻不在往人的心灵深处灌输寂寞感的风，只有培植起心灵自身的力量，才能抵挡。

1998年进站、2008年离开的段凤莲，曾经一度是拐子湖气象站里唯一的女性。这意味着她的孤独感比别人更强烈。男人们聚在一起聊天、打牌、喝酒的时候，她无法融入。十年，她从少女长成妇人，从没有人跟她分享女孩的小秘密、女人的小心思以及年轻妈妈的小忧伤。

　　段凤莲是跟丈夫王海龙一起来到拐子湖的，当时他们还只是情侣。结婚后他们想要孩子，于是计划离开，但没有成功。

　　有了孩子以后，孩子只能寄放在奶奶家，和他们相见不相识，他们很伤心，于是把孩子带回拐子湖，又面临着没有幼儿园、小学可上，他们再次计划离开，仍然没有成功。

　　2008年，段凤莲终于拿到了调令。她回到城市，过上了可以穿裙子的生活。她曾向记者回忆在拐子湖那段时光，说起来就好像是把一天的工作，重复了十年。每次去看观测场的仪器，除了指针的变化之外，其他似乎都是绝对静止的。那种感觉让人不知道哪里不对劲儿，有点儿可怕。

　　但她所知道的一个事实，给了她足够的勇气：全世界的气象员，都会在同一个时刻进入观测场检查仪器、记录数据，然后发出报告。无论他们在高山、峡谷，还是在沙漠、大海，职业将他们紧密地联系在了一起。

　　段凤莲，还有其他的拐子湖气象站的气象工作者，在学校时就已经了解这个职业的意义所在：在地球上，只要大气层还在运动，太阳还照常升起，他们的工作就不会停止。无论是过去、现在还是未来，每一个气象站点，都因气象员所坚持的持续性的观测活动，而在一张巨大的、由智慧与数据组成的网络中有了珍贵而独特的价值。

　　个体是孤独的，但当孤独个体在精神上集合起来，力量将无比强大。

李福平，2002 年 2 月至 2007 年 4 月在拐子湖气象站工作

李福平

门都没了，我直接从围墙上面进来的

我从盟里过来的时候，走了八天才进来，2月1日就往这儿走，一直走到2月8日。当时从盟里开完局站长会以后，我就坐上拐子湖的车，一路走一路坏，因为是土路，直到2月8日才进来，之前从没来过。

我进来的时候，正好那里前一天刮的沙尘暴刚停，院子的围墙整个让沙子埋住了，门都没了，我直接从围墙上面进来的。这种情况完全想象不到，心情也特别复杂，这还能叫单位？咱站咋这样？一点儿心理准备都没有。

二十世纪七八十年代的时候，拐子湖气象站是全国先进单位，当时看的教育片中，南瓜都能长到三四十斤，黄瓜也长得好，觉得这地方还可以，最起码人类还能生存，结果来以后干脆不是那么回事，路上车也没有，人也没有，啥也没有。

那时候站里一共十二个人，加我就十三个了。他们都不知道我来，因为当时没有通信，一般是单边带，单边带上盟里头那个通信还得通过额旗转一下，额旗再定时传到这儿。当时他们信号不好（没接到通知），不知道我来。

我跟过去的副站长魏新东一块儿到的，他召集大家开会，我拿着花名册对了一下每个人，大概了解下基本情况。其实来之前，人事科把他们的档案都给我看了，领导也跟我交流了一下，每个人情况怎么样、家庭怎么样。这

里十二个人，十个男的，两个女的，都是二十多岁的年轻人，没有上三十岁的，基本上都了解了。开完会后，我自己宣读了一下任命书。

他们就像是一张白纸，完全跟社会脱节了

之前我在右旗工作，来这儿的时候还不到四十一岁。刚来的时候，发现拐子湖的情况确实艰苦，苏木也撤了，再就是职工的队伍也不太稳定，有两种情况，一种是复转军人，一种是中专生，基本上是对半的，六个复转军人，六个中专生。我和他们交流后发现，中专生十三四岁就到旗校学习，毕业时十七八岁，就进拐子湖了，一直再没出去，复转军人也是一样，文化程度低，知识面窄，反正基本和社会隔绝了。因为啥？除了值班就是值班，不和外面打交道。当时外面电话已经很普及了，同学、朋友之间交流打电话就可以，我就没想到这地方连电话也不通，电话不通你和外面更不可能交流了。当时我跟他们聊天，有几个都快不会说话了，就觉得好像在跟另一个世界的人交流，就这种感觉，他们就像是一张白纸，你跟他说话也说不到一块儿，完全跟社会脱节了。所以我来了以后第一个就是让他们去外面学习，必

须派出去上大学。素质的提高是主要的，首先是提高学历，单位上这块再教育，再一个到外面见见世面，和社会有个交流。当时南京信息工程大学在内蒙古办了一个大专班，不脱产学两年时间，我来的第二年就去了七个。

他们出去学习以后，变化相当大，幽默了，心情好了，知识也增加了，不光是学校那点儿知识，各个方面的知识。有几个小伙子找对象各方面也不存在困难了，开始找对象了。其实那几个小伙子长得都不错，其他各方面也不错，就是找对象特别困难。人家女孩子不愿意来拐子湖，他们出去以后找的基本上都是没工作的。所以说还是应该出去培训，知识增加了，能力提高了，哪个单位看上了，觉得能力确实不错，抢着要，那就可以调走了。就一直在这儿待着，文凭也没有，啥也没有，出去以后到咱们气象部门别的单位啥也干不了也不行，所以我来了以后，就在综合培养方面下了很大功夫。刚开始让他们每天学习业务知识、各方面知识的时候，他们也不太接受，觉得反正我文化程度也不高，就好像在心态上给自己判了一个无期徒刑。其实他们也想离开，一是找对象困难，再就是家都在外地，肯定想离开，就是想走走不了。当时他们文化程度太低、各方面都低，你说想离开，怎么走？我给他们分析这些情况，也给上面反映他们的家庭困难、个人困难情况，想让他们调走。

我愿意让他们出去，我从来这儿那天就想让他们都走，最起码不能让他们永远在拐子湖待着，在这儿锻炼、付出几年是应该的，但不能让一个人在这儿待一辈子、奉献一辈子，从人性来说是不对的。我岁数比他们大很多，来了以后，就把他们当自己的孩子一样，也像亲兄弟一样关心他们的各个方面。到我离开时，他们全部都读大专了，有的还上了函授本科。

在保证正常业务不受影响的情况下，哪怕人员再紧一点儿，也要尽量把人员往出送，我是这样安排的。就是尽量不要把人力都浪费在这儿，派出学习、探亲，主要以学习为主，上学去，增加知识去，剩下的人我们连轴转都可以，而不是在这儿侃大山、睡大觉。从我的出发点，我想关心大家，把大家全部送出去，就留下几个人，只要能保证正常业务开展就可以。

过去情况特殊，基本上大家受教育的机会也没有，各个方面的原因，为了保证单位，就不让大家出去。我来了以后，我就说待下去也是一种浪费，大家只要出去上学增加知识，我就特别高兴。从我内心来说，你在拐子湖待几年就行，不能一辈子都在这儿待着。将来我会跟盟局反映，特殊情况，可以实行轮换，这样对大家也是个交代。

我来之前他们就没洗过澡

我觉得站里的变化，主要是综合改造和通信方面。综合改造这块，因为单位就是一个基本站，不存在创收，就没有钱，所以一直向上面反映，我快走的时候项目已经报到国家那块了。通信方面，2003年"非典"爆发的时候感触最深，因为通信不方便，家里面情况谁都不了解，都担心家里到底有人病了没有、安全不安全，都在牵挂着。

这些职工确实也都是在那儿奉献、付出。我们的自动站建设方面，当时有钱也雇不上民工，那就自己干，用筒子拉沙子，两个人抬一筒子沙，先挖，再抬过来，然后就开始打地基、做盖板，都是大家干的。我们的站风、站貌方面，就种树啊，这些小环境建设，我们还建了一个温室大棚。

你可能无法想象，我来之前他们就没洗过澡。当时刚从外面进来，我感觉就好像到了另一个世界，在外面的话，已经2002年了，整个社会发展速度已经很快了，而我来之前他们没洗过澡，就洗不了澡，尤其是女同志，也没法洗澡。我就说这人不洗澡咋能行？因地制宜吧！我们这儿温度高，就弄了个油桶放在屋顶上，买了点儿设备，弄了一个小水泵，把水泵到铁桶里，铁桶是黑的，吸热，晒一下水就热了。大家就觉得，哎呀，我们终于能洗上澡了，就特别高兴，觉得已经很幸福了，谁也体会不到。这里就两个女职工，先让她们洗。我们劳动多，只要有水，大家就排队洗，一桶水够三四个人洗。当时有个水塔，过去有一口井，用潜水泵把水压过来，水量小，抽半个小时就没水了，反正洗澡是没问题，够了，我们生活上也可以了。

　　我来以后，为了解决通信问题，我和过去的老局长——姜峰局长，我们俩背上一些设备，一座山头一座山头地找移动信号，最后在一座山上找到了。它过去是一个微波站的铁塔，我们就在那铁塔上架根天线，再买个放大器放上。离这儿二十多公里，我们跑了好几趟。最幸福的是啥？就是看见职工能打电话了。刚接通的时候大家排着队在那儿打电话，终于和外面的世界能连起来、能沟通了，那就是最幸福的。和外面的沟通主要是精神上的满足，物质上，吃也能吃饱，主要是在精神上，其实最主要的是人心里寂寞，所以电话通了以后，大家在精神上和外面社会有了沟通，这是我认为大家比较幸福的，最起码也是我给大家办的一件实事。

　　在这个地方待多少年都可以，但是最主要的是心里面的寂寞，我就认为，人待在再艰苦的地方其实也都应该，但是你没有交流，这是最可怕的。有些人不理解，有多艰苦？其实环境艰苦只是一个方面，从我内心来说，不能和别人交流真是最痛苦的，最起码同学在一块儿说一说话，打个招呼，打个电话，听到声音就觉得很亲近，已经很高兴了。

现在工作忙的时候，我就愿意找个特别安静的地方，坐那儿思考或者看看书，也是养成习惯了。现在因为工作、生活各方面的事情，啥时候电话也响，就觉得心烦。但是当时拐子湖那种情况下，能接电话就觉得是很好的事。

还有一个担心，职工只要是出去，他要是不来电话我心里就永远放不下。这么远的路，路况又差，各种情况，他首先得给我报个平安。要是我在外面，肯定每天打个电话问问，职工谁出去、谁在站里，情况怎么样。在这儿如果得了重病，你要是不出去，肯定会死在这儿，从内心来说，作为领导得关心职工，每个人都是我的牵挂。我在左旗当局长，就不存在这个问题，医院都有，有病就自己看去了，这不是我们的事情。但是在拐子湖就不一样，作为领导，职工就是你的亲兄弟，就时刻把他们挂在心上，每个人的生活都是一种牵挂，由不得你想不想，实际情况就这样。

走进拐子湖就离不开拐子湖

2003年年底，快过年了，我和那木尔到盟局去拉设备，一路从左旗往那儿走，六百多公里，当时这面土路，那面柏油路。那时候是柴油车，就是五十铃那个拉货车，正赶上下大雪，结果半路上走着走着油就冻住了。我们俩就烧化油器，烧油泵，手套啥都烧了，能烧的都点完了。我说今天晚上肯定要冻死了，风雪刮开了就一点儿办法没有，要是有个破房子或许还能躲，但光光的戈壁滩上啥也没有，没地方躲。车走一下停一下，我们再烧一下，然后看见前面有亮灯，当时修路，冬天有人在那儿看护设备。车正好走到那儿，油彻底冻住了，我们就下去了。当时晚上十点左右，正好下面有灯光，我们就进去了，是个地窖，有个农民工在那儿看护设备，人家就一张小的简易床，怕人家不让我们待，我们就把过年的东西，好吃的、烟啥的都拿过来给他。完了以后，牧民家离那还将近十公里，就让我们去牧民家住，我说不行，那么大的风雪，我们俩肯定会冻死在路上。第二天，风雪停了，温度也高起来，当时我们和旗里的三连是兄弟共建单位，和他们连长关系不错，就让他们派个部队车把我们的车拉到三连，把油换掉，我们就又回来了。

现在讲述这件事情的时候，轻描淡写，但是当时恶劣的天气情况下，就是面临着死亡。我们俩手都冻得僵僵的了，该烧的东西都点完了，车还是不动。十来公里外大概有个牧民家，那木尔让我在车上待着，他去找找。我说那不行，要走咱们一起走，一个人的话，我在车上冻死了，你找不见人肯定也是个死，要死我们一块儿死吧。我们就慢慢往前走。还没看到灯光的时候，我们俩就说，一定要能坚持多久是多久，能走到哪儿算哪儿吧。最后正好就看到灯光了，其实那地方离我们不太远，它也没门，就挂块破布，那天也那么巧，里面的人出来的时候不知道咋的，挂的破布扇了一下，就漏出来点儿灯光，我们俩正好看见了，就过去了，正好就有个地窖，救了我俩的命。这也是一种命吧，人就不该死！

人经历过那种危及到生命的情况，兄弟们同甘苦、共患难，那种感情就特别深，最起码我们俩，面临威胁，没有死掉，活过来了，是真正的生死之交。他关心我，我也关心他。这种感情是相互的，相互关心、关爱，宁可让我死，我也不让你死，他也是一样，他宁可自己死，也不让我死。到现在为止，我和他的这种感情，永远在心里。

为啥我说走进拐子湖就离不开拐子湖？这些职工关系特别好，他们啥时候也牵挂你，就把你当亲哥一样，我就把他们当亲兄弟一样，就是这样的关系。从我到拐子湖那天起，一直到今天，他们有啥事肯定也询问询问我，咨询一下，或者互相商量，上去以后肯定找我，一块儿坐坐、聊聊天。

大家就乱侃，侃片子，侃大山，逗逗乐，哪方面都谈，一个话题不可能说多长时间，都是你谈一句，我侃一句，他说两句，通过这种交流，大家的幽默感、语言表达能力，在潜移默化中也提高了。大家都在一块儿笑笑，一是精神上的寄托，再一个时间过得也快一点儿。

在这儿，最对不起的就是家人

一天二十四小时，我们除了值班，就看看电视。我们有自己的卫星锅子，我来的时候还是用小锅，不稳定，再一个主要是没电，那时只有个小柴油发电机，发的电主要供发报，电视只能看半小时，半小时以后为了保证工作，全都得关掉。后来，国家给装了太阳能板，这才能正常地看电视。

每年遇到好几次沙尘暴，这种情况正常的。我们养成了很好的习惯，只要有沙尘暴天气，大家都到值班室里面共同完成任务，已经养成一种战斗默契，大家都在一块儿住着，也方便。沙尘暴刮起来的时候，像墙一样，黑压压一片，能见度很低，基本上为零吧。为了保证安全，我们想尽办法，男同志出去的时候尽量拽上绳子，拉根绳子，走过了我们给拽回来。特别严重的是女同志，有一次轮到两个女同志值班，小段（段凤莲）比较要强，说没事，我去观测吧，就冲了出去往测场跑。沙尘暴太大，小段身体也单薄，结果直接给刮倒了，起来以后她方向就偏了，用衣服把头一蒙以后，风沙依然很大，能见度很低，就找不到方向了，这种情况也有两次。

文体活动，我们这个多，我们还有一些健身器材，各个方面大家在一块儿玩，和边防派出所的人打打篮球，两个单位人都少嘛，就在一块儿活动。

我们男同志一般在房顶上睡，两个女同志回宿舍睡，不能开电风扇，热也没办法，没电，当时的电力只能保证业务。

我来的时候，孩子在右旗上初中，媳妇带着呢，因为我在拐子湖，他高考时候我都没去，高考、填志愿，都是他自己做，这对孩子的自理能力是一种锻炼。但也有不好处，我们就总觉得，作为长辈是亏欠他的。总觉得，在拐子湖这儿最对不起的就是家人。当时我来这儿的时候，母亲脑中风、偏瘫，父亲还可以，第二年父亲也瘫了，雇了两个保姆。老父亲最后得了肺心病、肺癌，根本就动不了。我在站里，他们想跟我说说话也说不上，不知道他什么时候生病的。病危的时候正好是我在拐子湖那段时间，他们想通知我，但电话打不进来，没电话，一点儿办法没有。等我知道了以后，病危期已经过去了，我父亲当时人已经凉了，准备回家了，生命真的有奇迹，他又缓过来了，有时候人的生命力是很顽强的。我母亲偏瘫的时候，大小便都是我媳妇伺候，给换洗衣服啥的，要是姑娘的话，没说的，媳妇能做到这一点确实也不容易。但她也没办法，不那么做老人怎么办？

就是为了他们，为了付出才来的

2004年，我们自己盖了个简易的大棚，带领大家一块儿干的，只要给大家做点儿事，大家也愿意，包括用废油桶接水洗澡，那房子也是自己砌的。我们和牧民关系也比较好，他们清羊圈时，我们给他们干活，羊圈里的羊粪我们就拉回来改善土壤。我们把羊粪堆在一起，浇上水，上面覆盖沙子，一个冬天下来就发酵完了，到春天的时候，往地里一放，土质慢慢就改善了，两年就改善得差不多了。

拐子湖气象站的简易大棚（摄于2016年）

那个简易大棚冬天是不能种菜的，就是育苗。我们这儿春天风沙特别大，苗被大棚盖住，最起码风刮不死，大棚起这个作用，而不是温室的作用。西红柿、辣子我们都能种，但就是比外面要晚一点儿，因为从大棚里移到外面大田里才能行。由于风沙太大，苗种早了，一是大棚本身没有保温效果，再就是移出来风沙一打就死了，不刮风的时候，差不多6月把苗移到外面大田里，基本上风沙就打不死了。

我想说的还有一点，就是这里同志们之间的感情，属于特别真诚那种。当时我们职工孩子上学或者遇到困难了，要用钱了，互相借钱是很正常的。我发的工资就留在抽屉里，也不锁，你们谁想用就拿，用完了你就再还，撂进去就行。

还有一次，我、蔡文军、那木尔，我们三个人，开着五十铃的皮卡车，拉着一车东西回站里。晚上车被沙子陷住了，那车很重的，又是被捂住的情况下，他们两个人直接在后面把车抬起来了，我就把石头垫上，我们把车就开回来了。你说那得多大的力量？现在让他们俩抬，就是五个人也抬不起来。当时天黑了，想着职工都在这儿等着吃的、喝的。所以说人的本能，为了大家也好，为了自己的生存也好，那种爆发的能量，真是，我是想象不到，那种情况咋能抬起来的？

到现在为止，就算到了另一个单位，我和他们的关系也会一直延续下去。作为站长，在这儿得到这种经验、历练，没有任何想法，就是为了他们、为了付出才来的，实实在在说这话。有些人说你在那儿唱高调，我说不是，到拐子湖来，你有什么想法？就是来这儿奉献、付出来了，再没想别的，和大家在一块儿同生共死的那种亲情、战友、兄弟关系，这一辈子就够了。

任何单位都一样，领导对职工特别好，当亲人一样的话，职工对你也是，都是相辅相成的。在拐子湖的历练，我这一辈子受益，最起码我是真诚的，也没什么作假的，包括为人处世，和上级领导的关系也是一样。真诚、付出，这是一辈子受益的。

陈帅，2014年12月接到盟局的调令，但是直到2015年3月，将在额济纳旗的财务工作交接完后，才来到拐子湖

陈帅

我第一次来拐子湖气象站是毕业第二年，1999年左右，那会儿我在额旗工作，回家路过的时候，我来这里体验过，那时候这边全是那种旧平房，环境不好。

在额旗我们主要是干业务，干清沙这些体力活的机会很少，就2015年3、4月那次连天沙尘暴，刮完以后全堆在沙梁子上，走廊、各个房间里到处是沙子，我们就开始清沙子、打扫卫生，好好地干了三四天，这是我工作以来干活最多的一次。那几天漫天黄沙，连着刮风，那种场景我也是第一次见，额旗也刮沙尘暴，但没像拐子湖这边风里含沙量大，它比额旗那边看起来恶劣很多。

拐子湖最可贵的就是俩字——坚守。我觉得能坚守在这儿精神就非常可贵，环境这么恶劣，现在要从别的地方调个人，或者派大学生进来，人家都不愿意。但是坚守在这儿的人，包括站长，一待就是二十年。我觉得，让我待那么多年，确实不敢想。

人都是有感情的，刚来的时候，我对动物，尤其是狗啥的不太喜欢。在这儿的一年多，因为站上人少，大家轮流啥活都干，包括喂狗，与这些狗接触时间长了，确实也有感情了。前些天那只藏獒的腿被树木划破了，破了一大片，然后就生蛆了，它蹄瓣子地方全是白白的一些，最后我们把蛆给挑出来，上了药，包裹好，慢慢养好了。

如果我调离了，离开时我会舍不得这些小生命。

鸡我们抓上时间不长，初步打算是养大点儿，让它们下蛋、打鸣，院子里就稍微有点儿生气。我们这边可以说就缺少这种生气，人少，然后再没啥动物，出来就感觉空落落、死气沉沉的，把公鸡养大点儿，早晨打个鸣，就有点儿家的感觉。

过春节，站里最少有三个人，然后家属全都过来。2016年我们一家人在这儿过春节，有住的地方，条件稍好一点儿。现在回家两个多小时，这个路2010年就通了。1999年那会儿，我正好休探亲假，就搭乘拐子湖站上的车到盟上然后回呼市。那时候正好盟上要开个全盟局站长会，当时的额旗局长是胡延荣，他也在拐子湖待过，站长是刘福军，拐子湖的车正好从旗上拉点儿菜和其他生活用品，然后把刘站长接上，我们在拐子湖住一晚上，第二天出发去盟上。那条路真不好走，全是那种戈壁滩上的"搓板路"，看上去纯粹没路，司机就凭感觉，能知道个大致方向。

我希望将来拐子湖的工作环境能变成像稍大地方的那样，外部环境能多一些村落，或者人口能增加一点儿，出门能看到好多人、看到成片的楼房，希望能发展得更繁华一点儿吧，不是现在这样。我们要想了解一下外界，像最近额旗发生了啥、有啥新情况，就必须得去苏木那边找他们聊聊天、交流交流。他们换班比较勤，周五下午就都撤了，然后周一早上再来，人员来回活动得比较频繁。我们气象部门是相对闭塞的单位，跟外界接触少，只知道咱们一小片天，不知道外面，再不走动走动，待这儿出去的都不会说话了。

刚开始会感觉很新鲜，这地方空气也好，晚上星星那么多，出去看这么多沙子，待一天两天没问题，但待一个星期，或者一两个月，甚至三个月，周边不要有这么多人，越待越觉得是煎熬了，啥时能出去呢？第二天你走，想着我们一直在这儿坚守到不知什么时候，连一点儿边都看不出来的时候，那时候你要是快离开，我们再给你唱歌，那可能会把你唱哭。

综合改造之前，《说句心里话》这首歌，谁来给谁唱，谁就哭。那会儿我在旗里。

我进来以后，他们就老讲以前的事，虽然我不是特别清楚，但是耳濡目染，一年下来，我对这个站以前有什么人待过，他们干点儿啥事，也了解很多，这个待了十几年，那个待了七八年。我们自己待三年五年，觉得想走也说不出口。这个地方太艰苦，我实在待不住了，这话我说不出口，既然来了，坚守不了三年五年的可不行，那木尔站长坚守了二十年了，还在那儿待着呢，这绝对是一种精神。

2009年吧，当时盟局就要调我来拐子湖。那会儿我小孩太小了，刚上小学二三年级吧，我父母还在呼市，没法照看小孩，岳父岳母把娃娃从小拉扯大，岁数也大了，那时候我就征求家里意见，我父母、岳父岳母，都建议我不要下来。再往后，2014年的时候，盟局领导又找我谈话，说我提拔的年龄也快超了，工作这么多年了，干得也挺好的，党组想让我来这儿稍微艰苦的环境中锻炼，还能提个副科。人这一生毕竟也就那么几十年，在额旗那边生活单一，稍微显得乏味，趁自己还年轻，就来了。

那会儿可以说纯粹是奉献。最早的时候，大概2010年，待遇稍微改善，在这儿值一天班给一百块钱，那个时候其实额旗很多人想来，确实是奔钱来的，后面也就发了三两年吧。我们现在跟额旗相比，一天也就比那儿多十几块钱，我们是一类艰苦地区，额旗那边是二类，我们一天是四十块钱，他们是二十到三十块钱，反正就是一天差十几块钱，一个月差几百块钱，所以从经济上比的话，这边的工资也不是特别吸引人。

后悔？这没有。反正在这儿待过的都是，只要我在这儿待过，就不后悔，那会儿我还在额旗上班的时候，大家在一起吃饭，他们说在拐子湖待过的碰一杯，那一桌子的人基本上全站起来了，就感觉像上啥学一样的，就我们两个三个没待过。那天我还说，这以后再去额旗的时候，我也能站起来了。

拐子湖气象站自建站以来，先后在此工作过的一百三十名职工中，有六个人离开后又回到了这里，其中三个人，直到今天（2016年）仍在气象站工作，他们已经准备好，要在这里退休。

这里的日常工作远谈不上令人振奋。恰恰相反，拐子湖气象站的工作，就是无聊和烦闷的代称。它需要的不是追求精彩的凌云壮志，而是一颗能在最沉闷的空气里保持跳动节律的心。

二十世纪五六十年代，拐子湖气象站的主要业务是地面气象观测，气象员们每天二十四小时定时观测，再将数据通过摩尔斯电台发往兰州区域气象中心，转发至中央气象台。过程十分单调，也显得很无聊，但绝不能延误、漏失，否则就是重大的事故。

好几个职工记得一次追逐自记纸的事。

从仪器上拆下来的自记纸上有日照、降水和风留下的痕迹，通过分析这些痕迹，便能得到过往一定时间内的天气数据。可能大部分人并不知道自记纸是一种什么样神圣的存在，但对气象员来说，一张自记纸，意味着一段绝无可能复制的记录，这个记录若是丢了，将是永久性的，这个空白会永远地留在当地气象观测史上，并成为全国性的、系统性的缺失。这样就可以理解，为什么身为气象员，最不能接受的就是自记纸的毁坏和丢失。为了搜寻被风吹走的自记纸，气象员们不顾劳累与危险，漫山遍野地奔跑、寻找，甚至不幸坠落山崖而牺牲的悲壮故事，也曾在其他地区的气象部门发生过。

1980年至1985年在拐子湖气象站工作的斯琴高娃说，她最难忘的，就是那次全站职工在沙尘暴中寻找一张自记纸的经历。狂风把自记纸吹向了茫茫沙漠，视野中一片混沌。所有人惊慌失措，纷纷朝着不同方向奔去——最后，经过一天一夜的寻找，居然找到了！自记纸被草挂住，没有飞走。她也觉得不可思议。另一位老职工回忆说，终于找到自记纸的时候，那位失手丢了自记纸的气象员一屁股坐下哭了起来。

同期在拐子湖工作的陈晓红有一个神奇的故事，也和自记纸有关。她下午一点多冒着沙尘暴去更换自记纸，不小心自记纸脱手，被狂风卷走，她想都没想就追了出去，一道一米二的围栏挡在眼前，看到自记纸越飞越远的她直接跃过。据说她当时还怀着孕。多年后，陈晓红谈起这件事，仍难以相信自己一下能跳那么高。她也确实没再跳过那么高！

二十世纪九十年代，中国气象局开始考虑是否仍在原址保留拐子湖气象站，并不是说这个站点不重要了，作为全国仅有的两个沙漠气象站之一，拐子湖气象站处在我国天气系统上游的地理位置，严密监测着对我国冬季气候有极其重大影响的西伯利亚气流，又紧邻沙尘暴的来源地，无论从哪个角度看，拐子湖气象站都是不可替代的。但生态环境在不断恶化，荒漠几乎吞噬了一切让人感知到这里还存在着生命的象征物。外面的世界日新月异地发展着，分分秒秒都在刷新，这里的世界却依然沉寂迟滞。继续值守，需要气象员们付出越来越大的代价，值得吗？

令人信服的答案出现在2003年10月15日。那一天，我国首个载人航天飞行器"神舟"五号飞船顺利升空。

距离东风航天城一百八十公里的拐子湖气象站里，所有人都备受煎熬。他们已经苦战了好几个通宵，随时密切监测着风速、温度变化，观察着沙尘和对流等等预示着天气变化的征兆，尤其警惕着降雨和雷暴的发生。

飞船一飞冲天，气象站的所有工作人员都松了一口气。他们圆满地完成了任务，虽然并没有多少人知道，他们是谁、在哪里、做过些什么。

以后，只要航天城有发射任务，拐子湖气象站便要严阵以待，五分钟、十分钟、一个小时，分阶段地发送报文，一刻也不能懈怠。另外，每小时一次、每天二十四次的民航气象报文，也是拐子湖气象站承担的重大任务。

2005年，经过反复论证，上级决定保留拐子湖气象站，不撤并、不迁移。它所提供的气象监测数据，不但是供气象部门决策、预警的不可或缺的依据，而且对国防建设、生态文明建设也起到极为关键的作用。它必须坚守下去。

办公室　餐厅

配电室

综合改造后的拐子湖气象站

　　至于工作和生活环境，只能是尽其所能地改善。

　　2010年，拐子湖气象站综合改造完成，这里的工作人员终于用上了可以烧暖气的锅炉，有了电热水器、电冰箱，新建的公寓里每个房间附带了独立的卫生间。气象站还建起了蔬菜大棚，打了一口80米深的机井。

　　现在的拐子湖气象站已经不再需要非顶着沙尘暴去观测场不可了，自动化设备承担了一半以上的工作。除了云状、能见度和天气现象的记录必须由人工来完成以外，其他的事，都可以放心地交给机器。人成了机器的辅助。

　　这样一来，本来业余生活就百无聊赖的气象员们，更不知道该干点儿什么——因为这里依然是那个被茫茫戈壁沙漠环绕、方圆一百多公里内只有二十几个人的"无人区"。这一点不会随着时间流逝和内部条件改变而与之前有任何不同。

　　2013年，拐子湖气象站升级为国家基准气候站。这表示，如果没有发生重大变化，它将永久矗立在大漠深处，再也不可能搬迁离开。即使在不远的将来，这里实现了全面的自动化，通信和设施维护仍然需要人工来完成。气象员们将是这片沙漠中最后的坚守者。

王毅，毕业于内蒙古气象学校，1997年7月在拐子湖参加工作，2007年12月，调到阿拉善右旗气象局任副局长，2011年10月，第二次来到拐子湖工作，2017年9月调到阿拉善盟气象局工作

王毅

就是离不开这些人，就总是想念这些人

1997年我刚来拐子湖的时候，这里破破烂烂的，完全不像是一个单位，到处都是断壁残垣。因为之前有一段时间，可能是二十世纪八十年代末九十年代初，上级计划把这个站撤了，所以再没有投入，围墙也都倒了，后来又说不撤了，又开始建。1996年重建的时候，分进来四个从部队转业的同志，我是1997年分进来的四个中专生之一，基本上人员就稳定了，一直到2010年，中间很少有人调出去。

那会儿我们毕业分配，都是带着指标的，到了盟局，人事科科长在地图上一指，你就去这儿，叫拐子湖。反正我家在额济纳旗，也知道额济纳旗基本上没什么好地方，都是这样的。我父亲在吉诃德气象站的时候，我大概四五岁，就一直跟随父母在那里生活，吉诃德还不如拐子湖，就秃秃的一个戈壁滩上，前面一排业务用房，后面一排家属房，中间隔着一个大沙梁，连院墙都没有。所以我从小就是在这种环境下长大的。

来了以后要说失落，其实也有一些，毕竟我们同学都分得挺好的，最差的都是旗县一级的，就我直接分到全区最艰苦的台站，有时候想一想也挺失落的，但是没有办法，分到这个地方了，就跟着干呗！

那会儿刘福军是站长，那个人特别无私。他也不回家，他害怕这些年轻的小伙子想不开，想家啦，出点儿什么事啦，或者是喝酒闹事啦，所以他就一天天待这儿看着我们。1995年那会儿他老婆刚调走，他们家姑娘还特别小，但是他也不回家，就在这儿坚守。

为了分散我们的注意力，他就不停地给我们找活干：从后面废墟里挖点儿砖，把我们这个煤仓子底子清出来，把那个砖一层层铺得齐齐的；后面的家属房那会儿推掉了，我们就拿锹和镐头把打地基时砌的砖一块块抠出来，然后沿着菜地盖了一圈兔舍，就养兔子。反正就是每天找活干，用超负荷的体力劳动来分散我们的注意力。

他从来都是带头，从来没说我是领导你们干，我在阴凉底下多坐一会儿，从来不，那个人就是我见过的共产党员，我就觉得他是一个特别合格、称职的共产党员，他也一直给我们起这种带头作用，对我们深有影响。领导就这样干，别人也不好意思偷懒，谁也不好意思。那会儿干的活确确实实都是超负荷，我们刚参加工作，十九岁，我那会儿还不到一百斤，比现在还瘦。每天就扛着锹，反正东墙的沙子挖完大概两个月过去了，西墙还积沙子，再挖西墙。每年最起码有大半年的季节在挖沙子，春天3至5月肯定在挖，秋天稍微凉一点儿，9至11月还在挖。拐子湖给我印象最深的就是挖沙子，包括现在也一样，就是跟沙子作斗争，反正人退了沙就进了，就是这样。

我2007年调到右旗，也是因为李福平在那儿当局长了，我过去任副局长。我去那以后，反正做梦老梦见拐子湖，就梦见自己好几个表铃子都没响，夜班又误了。那木尔2010年任的站长，之前他还没任站长的时候也老给我打电话，2008年11月，有一次我休假，就开着刚买的车，带着老婆，过来看过兄弟一次，在那儿住了一晚，跟他们喝了酒。那会儿后面楼房正在盖，前面那排砖房还没推，当时只有一个屋有炉子，还暖和点儿，里面就三张床，那木尔一张，宝勒德一张，我跟老婆一张。

就是离不开这些人，就总是想念这些人。

这种环境连生存都太难了

知道这儿改造了也高兴，因为我们盼了十几年都没看到。我经常打电话问，这个楼盖在哪了？原来的大棚怎么样了？那棵树是不是推掉了？就经常跟他们聊天，总也能想到这个地方。现在拐子湖气象站里的环境，首先不会感觉到那么恶劣，最起码生存不像以前那么艰难，这就是我觉得改造以后最大的变化，这个真的太重要了！以前冬天那个冷啊，架炉子，我们刚来的时候，用很深的大铁皮桶提煤，我个子小，都提不动。那一桶煤，我得两只手提着，或者挂在胳膊上，才能把它提到屋里，那桶本身就重，那一桶煤可能有一百多斤，完了以后架上炉子，窗子钻风漏气，屋子也不热乎。

夏天的时候，长达四五十天的高温天气，就不能睡一个好觉，睡一次觉就特别痛苦，每天困得眼睛都睁不开，但就是睡不着，那咋办呢？就拿个褥子坐在外面等，等到凌晨两三点，温度降到30 ℃左右，稍微有点儿小风、还没蚊子的时候，就赶紧睡。风太大，在外边还睡不了，沙子过来就把人埋了；完全没风的时候就会有蚊子，也睡不了。经常在睡梦中被牛踩醒，牧民的牛都不圈养，它就走到你跟前。有时候睡梦中就听到牛鼻子呼哧呼哧地在耳边呼气，醒来一看是头牛，也不管，被子往头上一盖接着睡。睡到清晨五六点，太阳快出来的时候，就起风了，也没办法，把被子捂到头上，能多睡一会儿就睡一会儿吧。睡起来以后，人基本上就被沙子埋了。有时候沙子把被子都压死了，自己爬不出来，还得别人挖出来。

这种环境连生存都太难了。

那会儿吃的水是地下水，一口柴火垛水窖、一口水井，那里面什么也掉进去过，都不能细想。老鼠、蛇之类的掉到井里后，裹到水泵上，就被水泵给打碎了，后面水泵坏了，这才发现，自己已经吃了几个月，水泵不坏谁也不知道里头有啥。那就是最困难的时候，我就真真觉得每一天都活得特别艰难，能活下去都已经不容易了。

那会儿车进来也不方便，有时候两三个月车不过来一趟，水泵坏了就修不了，大家就只能往回挑水喝，就没办法。而且没有任何医疗条件，随时都在以命相抗，包括现在也一样，这是没办法改变的现实。

千篇一律的重复，没日没夜的重复

刚来这儿的时候，对气象具体能干什么？其实说句实话，我们是模糊的，因为我们干的是最基层的观测任务，只负责把温度等气象数据采集回来，把那些自记纸都保存好。至于这些数据发到兰州，兰州又转给中国气象局，做了哪些预报，我们其实是模糊的，只知道师傅告诉我们数据不能出错，全年只能出0.2个错。0.2个错其实特别容易就出了，例如自记纸断线、自记墨水干了、一个小数点点错了，或者发报的时候小数点漏输了，假如是20.0 ℃，要是漏输小数点就成了200 ℃。常在河边走，没有办法完全避免这个错情。所以那会儿就只知道战战兢兢地不要出错，具体我们的数据做了些什么、有什么贡献，都不知道。

数据出错的话就扣工资。我记得，最惨的一次，我出了3个错，被扣了八百块钱，那会儿工资只有三百四十五块钱，而且光有罚，没有奖。那会儿整个地区经济不发达，地方财政也没有钱，额旗好多部门还发不出工资。像我们的话，就靠国家拨款，就那么多工资。当时站上每个月的经费大概八百块钱。啥概念？就是如果车不会坏，八百块钱只够加油跑两个来回。站上还要干其他的事情，最起码要买铅笔等一些办公用的东西。所以那会儿的车是属于严格控制的，每隔两个月从额旗进来一趟，这两个月里反正有啥吃啥，经常是这个没了，那个也没了。

后来，随着气象现代化建设，2004年开始，就觉得我们的东西有需求了，包括地方、航天城有发射任务的时候也过来要一些资料。这个时候终于知道我们干的工作原来这么有意义，能被国家军工事业需要到，就有了一定的认识。

每年航天城有发射任务的时候，会打电话要一些数据。特别是临近发射的时候，基本上是一小时一个电话，人家打过来我们就提供。如果有任务，他们会提前通知，让我们随时等着接电话，谁的班谁就坐在电话旁边守着，给提供数据。那会儿有一种被需求感，很满足了，感觉我们的工作原来这么有意义。

1997年的时候，我们还是用单边带发报机，一台PC-1500计算机，一个小匣子大小，有一个小的显示屏。按一下回车键，显示屏上出现最高温度，就输入最高温度数据，再按一下回车键，屏幕上显示最低温度，就输入最低温度数据，再按一下回车键，就这样，输完一项按一下回车键。把所有数据都输进去后，旁边有个小打印窗，打印卷纸就可以把报文打出来，打出来以后把报发了。每份报重复两遍，接收那边用手抄上以后，再跟你校对一遍，没啥问题，电台一关，一次观测任务就完成了。

但是遇着大风天或者信号被阻挡的时候，发报就是一件特别艰难的事情，有的时候两天都发不出去，好多份报都在那儿放着，等着信号一通，赶紧把这些报全都给补过去。那会儿发报就是无线电台，就用嗓子死命喊。遇上大风天信号特别不好的时候，报发不出去，又没有任何其他通信手段，那整宿就听见我们的观测员"889…889…378"的呼叫声，喊得嗓子都哑了，但是还得扯着嗓子喊。所有的微波频率都不好的时候，观测员一晚上就一直拧着电台喊"889…889"，兰州气象台站的区站号是52889，拐子湖气象站的区站号是52378，就是这样发报。

2004年的时候，最开始没有电话线，是微波信号，我们在一座山上放了一个放大器，然后把电话信号放到放大器上，连到额旗的网通公司，人家接收上，再把号给你拨出去。那个电话信号也是时有时无的，但是没有办法，那会儿只能这样发报，电台跟电话互相辅助，电话还比较稳定一点儿，一般电话能打通就拿电话发报。

2013年的时候，这边已经有个移动信号塔了，我们就用手机发报，把报念过去。那会儿移动信号塔不是常供电的，用的是太阳能电池，一阴天就没电了，也就没有信号了，报就发不出去。没办法，我们就拿着报、开上车，疯了一样往雅干那儿跑，就在快到铁路立交桥那两个洞那，就有雅干的移动信号了，在那儿把报发完再回来，三个小时以后还得再去一次。那会儿我们基本上隔三个小时观测一次，全天观测八次。

在这个地方闲下来，心就开始慌了，就开始长草，开始荒凉了

我觉得这里没有什么可以感动我，就觉得一直是灰色的，心态是灰色的、大环境也是灰色的，总感觉做什么都是天经地义的。观测人员遇到沙尘暴，大家伙儿就过来拿衣服给挡一挡沙子，或者风太大了，两个人出去胳膊挽着胳膊，这样的事情太多了，都已经成了习惯，就不存在感动了。大家互帮互助，这么多年互相搀扶，就这么走过来，如果不这样的话，人就没办法

生存。要说感动，我一下想不起来，这些都太正常了。在这个地方，人就必须要学会善良，如果人跟人都没有办法相处的话，我觉得就太恐怖了。因为环境已然这么恶劣了，人跟人还没有办法相处，那就肯定缺失了一种活下去需要的支撑的东西。

　　也有不太合群的人，性格特别孤僻，也不说话，陌生人喊他，他头都不回。我觉得，在这种环境影响下，他已经有心理疾病了。还有一个人，就自己跟自己说话，我们也挺害怕。

　　要说开心，我觉得随时都在开心，待在这个地方你就必须要乐观。我跟他们说，有钱的就买个收音机听听，没钱的就听我们讲故事。我们最大的乐趣就是回去休假的时候各种看书或者买书，回来后给他们讲故事。那会儿在有对象之前，我们的工资就全用来买书了。书就是精神食粮，你只要出去休假，回来最少是四个月出不去，肯定要想好自己这四个月干什么，就背书，回来以后，一个字一个字细细看、慢慢看，一个月看几本。在这个地方闲下来，心就开始慌了，就开始长草，开始荒凉了。哎呀！我啥时候才能回家呢？然后就快疯了，所以不能让自己闲下来，除了干活、上班，你去看看书。

那会儿我们比较爱看的书是啥？就是比较神秘的，像是人类没有办法解决的一些事情，什么百慕大三角、研究水晶头骨的，还有就是武侠小说，讲金庸的武侠故事，跟说评书差不多。那会儿电视没有电，晚上只能点蜡烛，还费得很，单位又不给买蜡烛，就自个儿买。那时候共十来个人，屋里两张床，每张床上坐四五个，大家把背往墙上一靠，腿搭在床上，坐得齐齐的，凳子上再坐几个人，就侃大山、聊天，就这样苦熬岁月。

现在想想那会儿真的就太苦了，但是那会儿不觉得苦，真的不觉得苦。大家随时都在开心，每天给自己找乐儿，就是乐观主义精神，大家都是那样，谁也没说这么难熬，我就不熬了，把自己放弃了，都没有。李福平来了以后给我们弄了一个汽油桶放在楼顶上，用泵把水泵进去，再用管子把水接下来，就能洗澡了，那也开心；下雪天我们扣上七八只麻雀，把毛拔掉，炖上一锅肉汤，喝点儿小酒，那也高兴；夏天去湖里抓一只鸭子回来，改善一顿，也值得高兴。反正，随时发掘身边值得高兴的事情，每天都乐乐呵呵的。

到冬天不能干活了，业余时间基本上就是打扑克，打得扑克牌边子都起毛了，也舍不得扔，因为没有车，商店里也买不着。好多扑克牌磨得字都模糊了，"7"还是"1"都看不清楚了，就拿油笔描一描还在玩。

这几年高兴的事情一个是网通了，大家能上网了，都很高兴，以前没有网络，外界的知识也汲取不上；再一个是电进来了，相比风力发电和太阳能发电，它更稳定、更有保障，大家不再害怕黑着了，这也值得高兴。年年都有值得高兴的事情。

我的人生已经没有遗憾，最巅峰的时候已经到了

2013年，我们又去了一趟北京，回来以后，我就觉得人生已经可以了。连我姑娘都自豪地说，我们老师说，你看人王亭宇的爸爸都当劳模了，还上北京了。因为那个视频全国人民都看，所以我就觉得我也值了。

刚开始我也不懂这个荣誉（中华全国总工会授予拐子湖气象站为"全国工人先锋号"），上网查了一下才知道。因为那会儿外面大城市的出租车、公交车上都挂"工人先锋号"，后来我才知道不同的工会都可以发这个称号，只是我们这个是中华全国总工会发的，级别最高。我们受邀去北京那会儿，党组比较重视，从诺尔公、额旗各调来一个人，这两个人代替我们工作，我们所有人就高高兴兴地去北京了。

那会儿给我们安排的住的地方，我觉得最少是四星级。那里面每天的早点，我至今就没有见过那么全的，有料理、烤肉，还有各种中餐，想吃什么就转一圈，应接不暇。

那次去北京，我经历了人生中太多太多的第一次。钓鱼台国宾馆一般人进不去，我们也进去看了看，感觉特别自豪。

之前我自个儿去过两次北京，大家都知道去北京肯定要看升旗，都在两百米以外的警戒线那儿看。当了劳模以后，我竟然走到离国旗二十米的警戒线那儿看升旗，专门让劳模站的地方，远处也特别多人。我能走得离国旗那么近，只有这一次机会，以后再想离国旗那么近估计是不可能了。而且人民英雄纪念碑也是只可以远观，那次跟着劳模队伍终于上去摸了一下，现在也进不去了，都是远远地看。我就觉得人生已经没有遗憾，最巅峰的时候已经到了！

去人民大会堂开会，那也是第一次，特别庄重。有好多名人，都是劳模，有李素丽，还有老一元人民币上的女拖拉机手，那个老太太从这个胸膛到那个胸膛挂满了奖章！进去就感觉太震撼了，肃然起敬。我们准备了一个小品，之后有一个四五分钟的上台讲话。等到我说话的时候身体就一直抖，他们说这个木头舞台咋抖，其实就是我一个人这么抖抖抖，抖得整个舞台他们都感觉到了。我下来后更抖，抖得特别厉害。我们表演完出来，有人找我

们签名，好像突然间我们就出名了，这个有点儿不适应。完了以后我们去一个胡同里吃老北京炸酱面，又被别人认出来了，突然感觉到自己一不小心出名了，就觉得都值了。有的人可能比我们还苦，有的在西藏那些高海拔缺氧的地方默默奉献了一辈子，也没有得到过这样的荣誉。我们作为气象工作者或者在边远艰苦台站工作者的代表，能站到中央电视台的舞台上，我就觉得特别知足，不管当初受啥罪，这都值得了，一下子就释怀了。

我觉得我还可以再抢救一下

我有太多太多次车坏了的经历，以前没有柏油路，全是便道，上面三角石头之类的什么都有，车每次走肯定会爆胎。轮胎没有不爆过的，在那儿补轮胎这种就太常见了，还有千斤顶坏掉，换不了轮胎的，还有水箱被颠下来的，最恐怖的一次发动机都被颠下来了。一辆车只有一个备胎吧，可有一次我们烂了三条轮胎，怎么办？那真是叫天天不应，叫地地不灵，就只能原地等着。

那会儿如果是离苏木近，有个八公里、十公里，可以往苏木走；如果离雅干近，可以往雅干走。但是，如果走到正中间，哪边都不合适的时候，在没有水的情况下就不能走，因为走出去可能更危险，你就待在车跟前，等待救援。我最长的时候等过一天一夜，正好有辆车路过。

没有通信方式，我们什么招都想过。曾经有一段时间，我们把淘汰下来的电台天线装在一个纸箱子里，窝住，天线特别长，可能有二十多米，完了以后把电台接到车的电瓶上，拿着电台就死命喊呗，如果额旗气象局正好在发报的时候开了电台，也许能听到你的求救，也有那么一两次成功求救了。车从这儿出去的时候，肯定要跟额旗气象局说一声，我们单位几点几分出去了一辆车，让额旗气象局的人知道，他们会通知局长，因为这要死人的，他们有这个责任。如果三个小时还没回来，就再等等，如果四五个小时还没回来，那肯定要派车出去找。

还有一次是车上的汽油用完了，我们就是把矿泉水倒进油箱里，让油箱底部的一点点儿油浮起来，车就又往前走了两公里，之后水进了发动机，车就抛锚了。那次想死的心都有了。

那些年可以说回家害怕，进来站上也害怕，因为一出一进都要经过这段"死亡之路"。这段路有时候半个月也不过来一个人；有时候运气好，可能会碰见骑着摩托车或骆驼的牧民；大多数时候，靠老天爷。对我们来说，这种危险已经是司空见惯。每次一趴滩（车坏了），大家就弄块纸片子往阴凉的地方一铺，躺着，烟一叼，就不觉得危险了。有一次车坏了，刘天保他们走了三十多公里才到雅干，那么危急的时刻我没有遇到过，基本上有惊无险，都得救了。

在站里也有危险。有一次，潘竟福住的屋子，窗子让沙子锈住了，他就往外推窗子，他也不推窗边子，偏偏按玻璃上推，结果把玻璃推碎了，玻璃碴子把他手上的筋给割断了。那会儿单位没车，只好八百块钱雇了一辆牧民的车把他送到旗上，因为耽搁的时间太长，筋缩回去了，大夫用镊子把筋给捏出来，又用线缝住，现在他的手还稍微有点儿弯曲。那次真的挺危险的，他幸亏没把动脉割断，否则当场就放在这儿了，绝对不可能得救，没人能止住动脉出血。

我在这儿没有得过大病，就有一次上大夜班，饿了，没吃的，整个商店也没东西卖了，整个站上也找不见一点儿能吃的东西，五点钟的时候我就去菜地里摘了两个西红柿，夏天，吃完西红柿以后就酸中毒。因为人本身就胃酸分泌过盛，又吃两个西红柿，上吐下泻三天，完全好不过来。我们这儿有个卫生院大夫，人家给我弄了一瓶液体来，输上以后好了，好了后我把那个液体瓶子拿下来一看，1984年的，我竟然奇迹般地好了，没被这瓶过期药输死。事后就特别害怕，后怕，但是当时也知道，因为我已经上吐下泻、意识不清了，人家过来给我输了一瓶药，把我救活过来。这就是我遇到的最危险的一次，那次如果不是卫生院，我可能就在这儿结束了，因为已经三天吃不进去任何东西。有句玩笑说"我觉得我还可以再抢救一下"。怎么抢救？那会儿也没什么好的办法，反正危险时时都在。

也就是老天爷长眼睛没把我们带走，这要带走一个两个，我觉得只要带走一个，其他人都不敢在这儿待了。就是说老天爷在保佑拐子湖气象站的人，没有谁说是因为得病死的，到目前为止仍然在保佑。我们现在也有个医务室，更新了一部分药品，最起码小病小灾的自己能急救一下，但是真正遇到大病，随时就得把生命放在这儿，没有办法。

气象现代化带来的一杯咖啡

如果这个站不撤，按照现在的发展，将来周边会有无数个无人自动站建起来，现在光"十三五"期间，阿拉善盟就规划了三十五个无人自动站。大量无人自动站可以起到什么作用？那就是数据的互相替代，无人自动站密度高，哪怕这个站坏了，还有相邻的两个站，资料是可以用的。像咱们这种戈壁地区，气候差异不是太大，那样的话，拐子湖的未来肯定会是无人值守。如果这里设一个中心维护点，将来周围可能四五十公里、七八十公里会有七八个无人自动站。那这个地方可能就一两个人负责维护，主要的工作就是维护这些仪器。那样的话，大家伙儿就可以多腾出时间来回家休息或者照顾家庭。这就是我理想中的拐子湖气象站。

如果说这个地方完全没有人了，我真的觉得太可惜了。老一辈气象人默默无闻地奉献了这么多，有太多太多的光荣事迹，如果有一天取消了，这个站也不再住人了，我会很失落。我理想中拐子湖气象站未来的状态，就是大家只负责维护仪器，不用长期在这里坚守，因为毕竟到目前为止，大家都是冒着生命危险，在以命相扛。如果发生一次悲剧，我觉得这都是悲哀。随着气象的现代化发展，一定会把人解放出来，最起码不需要人长时间在这儿。2013年在北京，《中国气象报》记者王晨在采访我们的时候曾经问我最期望的将来什么样？我说是高度自动化，然后我们手里都有钱，兄弟几个一人一辆跑车，仪器需要维护了，跑车一开，到了站上沏上一杯咖啡，故障排除完了，开上跑车又回去了。她还写过一篇文章《气象现代化带来的一杯咖啡》，我记得我还看了。

我会更想念人与人之间的单纯，就是感情纯净的拐子湖兄弟

刘福军业务特别精，我们那会儿就佩服业务精的人。因为干业务工作要用心，它有很多规律，像复转军人，由于没有进行系统的理论学习，教会他读温度表，他也只知道去读温度表，有时读回来的数据是错的，他也看不出

来。刘福军就教我们怎么看，因为毕竟我们学了几年观测，他就把我们都培养成这种业务骨干。气象数据是有规律的，例如白天肯定是地面温度高，往下五厘米就低一点儿，肯定是越往深处温度越低，晚上就反过来了，要释放温度的时候，肯定是越到深处温度高，往上一点点儿降低。我们业务熟练的能看出差别，假如中间有一个数字误读了，我们能看出来，而好多人就看不出来。那会儿我们主要就是比业务，刘福军就是我们的偶像，那轻松得很，记录拿出来翻，你这个误读了吧？你还想辩解，当人家把所有的东西给你一比，让你再出去看一遍的时候，一看就心服口服，就是误读了。人家的经验跟业务能力在那儿放着。

　　有的时候刮大风，就得爬到十一米高的风塔上擦拭仪器，否则仪器进了沙子以后，就不能灵活地反映数据了。大风天爬到风塔上，也没有安全带，就弄根绳子把自己拴在平台上，人在上面就跟风筝一样，特别危险，但是也都熬过来了，因为大家都是这样熬过来的，也不觉得危险。我们刚来的时候还不会擦，刘福军就自己上去擦，这就是榜样的力量。刘福军对我的感染，我觉得特别特别多。他属蛇，我也属蛇，他大我一轮。他是十九岁气象学校一毕业来这儿参加工作的，我也是，我们俩好多经历都特别像。我现在好多好的习惯，都是从这个榜样身上学来的。要说他干了多少惊天动地的大事，那也没有，他就是默默无闻地就发挥榜样的力量，默默地影响着我们。一直到1999年的时候，我们就劝他回去，他孩子也大了，孩子的成长过程中父爱这块完全缺失了，再一个我们也都稳定了。那会儿他就终于同意了，把单位的事情交代给副站长以后，回去休息了几天，之前他都不敢休息，常年在这儿待着。

　　反正他就是事事带头，也从来没吃过小灶，大家就那一张桌子上吃饭。一吃饭就是各种抢嘛，那会儿物资紧张，有时候两三个月不来肉。大夏天，从旗上买上一块肉回来就臭了，但不能扔啊，刷一刷、洗一洗，切成块，摺到锅里头，放多多的酱油、调料，再喷酒，反正就想各种办法，就那弄上来以后，真是抢着吃，呼呼地抢。电影《唐伯虎点秋香》里有一个画面，吃饭的时候，周星驰拿筷子准备夹菜，哄！几个人过来以后，就只剩个空盆子在桌上转，我们吃饭大概就是那个样子。有一次我们吃红烧肉，就一盘子肉，魏新东看见有块骨头，骨头上其实没什么肉，但是他想啃，等他啃完以后盘子空了，把他给气得，你们这些人一点儿道理都不讲，也不说给我留块肉。那会儿大家都馋疯了。刘福军也一直就是跟我们那样过下来的，特别朴实的一个人。在他身上你说想特别感人的事迹，我一件也想不起来，但他就是那样，踏踏实实地影响着你。至今，一说起刘福军没有不挑大拇指的。

我就觉得刘福军能力特别强。他到了额旗气象局也是，事无巨细，院子里的树沟都是他自己扛个铁锹挖的，浇树，一浇就一天；局里面有一个公共厕所，那会儿还不是冲水那种厕所，得靠人力清理粪便，那大中午的，他自个儿提个锹就把男女厕所全都掏了。那个人干什么活都不怕苦、不怕累，从来没有说我是领导我不干，他从来都是冲在第一线，就是一个踏踏实实的共产党员。

我记忆最深的一件事情，就是我恨过刘福军一段时间。那会儿找对象不容易，有一次出去休假，我就认识了现在的夫人。那会儿找到对象就不想回来了，但轮着你上班就得回来。回来干上两个月了，我想请几天假，他不准假。他就是原则性特别强，该你上班你就上班，我凭什么要给你假，而且这个口子不能开，你一请假，特别是因为找对象这事请假，那其他人也会请，就不好管理，他就硬把我压了。

那时四个月休一次假，这四个月，要想跟对象聊聊天，就只能写信，不停地写信，那会儿只要班车一来，就最少是十封信，每天一封，班车十天一趟，十封信一次性就寄出去了。当时也有一个电话，老摇不通，摇一下两块钱，通了以后一分钟七角钱。我跟对象是1998年认识的，我那时三百四十五块钱的工资，摇通电话，话还没说多少，一个月工资就没了。

那会儿我们的工资就是给邮局的小范挣的。一到发工资那天，小范就来了，知道你们发工资，来，还账吧，把电话费结掉，就什么都不剩了。因为找对象实在太难了，大家伙儿找的对象基本是没有工作的，我对象属于有工作的，还是正式职工，我就觉得更要珍惜了，完了以后两个人感情最深的时

候跟他请假，你不是请一次，请很多次，就不给你假，他就那么一个铁面无私的人。那会儿我的想法就特别极端，最极端的时候甚至想过在刮风的时候爬到十一米高的风塔上，让自己摔下来，把腿摔断了，不就可以回家了吗？就极端到这个份儿上，为了回家，为了看看对象，我就想着把腿摔断，别摔死就行。没办法，不让你走，又没办法联系对象，也不知道她在那边好不好，十天一趟的班车，有时候她给你来上一封信，有时候一封信也没有。

我媳妇不爱写信，有时候我寄出去四五十封信，她一封也不回，我那急切的心理，那会儿真的就想着只要能让我回家，别摔死，腿摔断都值了。当时的环境就把人逼到那个份儿上了，并不是说这个人不想活了，真就没有办法，我就想我腿摔断，你总得让我治病，能不让我回？还有一个选择就是不干了，不要这份工作了，哪怕回去捡瓶子、扛砖头，我也要回，就不在这个鬼地方待了，这儿没办法待了。人绝望到极点的时候，真的什么都想过。那会儿我就特别恨刘福军。但是后来我也理解他，如果我是领导，我也不可能给这种假，这种假一旦开了，其他人就根本没有办法管。

终归，人还是理性动物，理智战胜了冲动。没有办法，不给假，那就想点儿其他的招吧，反正找对象这事情，肯定是男人要主动一点儿，就多写点儿信，把这个女孩感动了。现在我老婆一提起这事就说，我就败你这张嘴上，天天就跟写书一样的给我写那么多信，答应我那么多事情，都不给我兑现。我写下那些信，大概有两个笔记本那么厚。我记得除了每天给她写一封信，还写几篇日记，完了以后有兄弟要出去休假了，就从这里的小商店买那些山楂卷啥的小吃，买上一大包，给她带回去，有时候买不上，就给他们带上一百块钱，帮我买点儿吃的喝的、买点儿玫瑰给她送去。就怕我从她的生活中消失四个月以后，她突然就冷下来了，这个时候别人可能就走进她的生活。她不会选择两地分居的这种生活方式，我觉得是个女人都不会选择，因为需要你的时候你都不在身边，这个太现实、太残酷。

我们那会儿工资几百块钱，当时我预支了三个月的工资用来结婚，有一千块钱，结完婚后，我们俩都负债，真的特别难，现在想想真是太辛酸了。我感觉最难熬的一段时间，就是从刚开始找对象到我媳妇大肚子这两年，我就觉得最不想在这儿待、最想走，挖空心思、想方设法我也想走。孩子顺利出生以后，我爸妈帮着带，这一切也就好了。我是结完婚第七天就回单位了，孩子出生第八天，我也回单位了，就没有假，该轮到你上班就得回来上班，就没办法。我那会儿要是一个想不通，你们今天都见不着我。我就属于够乐观的了，但是找对象那段时间根本就没有办法忍受。在拐子湖，好多人找对象都特别费劲，自己熬到那个岁数了，择偶标准自然就降下来了。那会儿我就感觉到，不是我们去选择别人，我们已经完全没有资本去选择对象，能找一个就不错了，都嫌我们工作不好，找一个吹一个，谁找对象都特别艰难。

反正拐子湖这个地方，我觉得最亲的、最让我牵挂的就是人，走到哪，一定会想念这些人，那种帮忙都是无私的，大家互相帮扶都是天经地义的。再走到任何工作环境下，我觉得都不会遇到这样的人。

这个地方的环境这么恶劣，说句实话，就是把故宫搬到这儿来，也没人想回来，因为大环境就是这样。这些年我们动手种了这么多树，我出去以后可能也会想念我种的树，担心它们会不会茁壮成长，想回来看一看，但是我最怀念的一定是身边的这些兄弟们，因为没有这些人这么多年的相濡以沫，我觉得大家都很难坚持到今天。美国电影《黑鹰坠落》里，有个海豹突击队队员，他逃回基地又拿了好多子弹，准备第二次奔赴战场，那时候他说，其实战争已经不是为了国家了，很多时候就是为了我身边的兄弟。我最直观的感觉也是这样，因为大家朝夕相处，一起做了太多的事情，清沙子、种菜、分享，哪怕是一起吃一个瓜，都已经成了我们生活的一部分。突然把我调到一个陌生的环境，我会特别想念这些人。在这个地方待的人相对还是单纯，出去以后，特别是经历了这个复杂一点儿的社会以后，会更想念人与人之间的单纯，就是感情纯净的拐子湖的兄弟。

2015 年 4 月，拐子湖气象站与边防派出所联合开展植树活动

第五章 / 荒漠恒星

1987—2009年拐子湖气象站旧貌

2009年至今拐子湖气象站新貌

本书编委会采访团队与拐子湖气象站职工合影

2009年7月1日，拐子湖气象站综合改造建设正式动工。一年后，新建成的气象站投入使用。

新站有一座面积达813平方米的两层综合楼，兼备办公室和宿舍——宿舍里有独立卫生间，气象站职工再也不用去露天旱厕"解决问题"了。一座60千瓦的风光互补电站，彻底终结了这里靠点蜡烛照明的历史，电量足够大家平常看电视、用冰箱、开空调、洗热水澡，这些，在新世纪的前十年，都还是奢望。

　　另外，拐子湖气象站还修建了蔬菜大棚，在大棚里放几个炉子，就可以当温室使用。拐子湖气象站自己种菜的历史相当悠久，因为出去买菜时常要冒着生命危险，保存又十分不方便，他们不得不顶着沙尘暴在站里种一些蔬菜，见缝插针，"沙"口夺食。

　　科学工作者们的种植成果十分丰硕，气象站基本实现了自给自足。

地方政府出资修建了一条沥青路，可以从拐子湖直达温图高勒苏木境内的交通枢纽雅干，全程八十公里，拐子湖与外界联系从此有了便利的公路交通。因为拐子湖一带早已没有了人烟，除了一个边防派出所，就是气象站，可以说，这条路是专门为这两个加起来不到二十人的单位修的。尽管如此，气象站里最大的问题还是"不敢生病"，相对良好的路况下，开车也要走三个小时才能到达最近的医院，若是突发急症，很可能来不及救治。

阿拉善盟气象局对拐子湖气象站实行了经费上的倾斜支持。大家的工资涨了、补贴涨了，收入也相应提高了，气象站的职工非常满足。不仅气象员们满足，连在气象站做了三十多年厨师的李师傅都很满足，他对来访记者说，以前做饭要捡柴火，现在用上柴油灶，轻松多了。

对于生活条件的改善，大家满是知足的喜悦，他们并没有更高的要求。这里依然是大漠深处，再好，也不会比城市，哪怕是一个普通小县城更好。走出这座崭新的建筑物，看到的还是连绵不绝犹如茫茫大海的沙丘，没有绿色，没有活物，更没有穿行不息的人和车。面对的，还是大自然那亘古不变的深深的沉默。他们和五十多年来在这里值守的前辈们一样，被身上的职责隔绝在繁华世界的另一端。

气象站的"老人"说，过去他们看到一辆车都很新奇，现在站里的年轻人对车没有什么兴趣，但有车来他们还是特别高兴，因为车带来了人。他们看腻了站里这十几张熟悉的面孔，听腻了这些熟悉的声音，有别人来跟他们聊聊天，随便说点儿什么，他们都很开心。这种对外来者的强烈好奇，也是拐子湖气象站五十多年来始终如一的精神特质，令来访者印象深刻。

有客人来站上时，拐子湖气象站的职工都特别开心

拐子湖气象站直到2014年才连接光缆，在此之前这里与外面世界的联系全部靠移动通信。移动发射基站的信号在沙漠上并不稳定，天气一变化，电话便很难接通。为了不耽误气象数据的传输，值班的气象员只能骑摩托车去几十公里外找信号，即使是沙尘暴期间，也不得不如此。

拐子湖气象站有一个所有人都已经习惯了的工作原则，那就是天气状况越差，就越要密集观测，无论什么条件下，都必须完成观测数据的采集和发送。使用发报机的年代，他们找信号要靠在沙漠上喊叫；使用手机的年代，他们找信号要靠在沙漠上奔跑。这种情况直到2014年拐子湖接通了网络才得到解决。

不容易的事，什么时候做都是那么不容易。即使已经有了先进的设备，为了完成一个艰巨的任务，人的努力和坚持依然是最重要的。

恒河之沙有数，而宇宙中的光无数。燃烧亿万年不灭的恒星，也可能永远无人望见。入夜，沙漠中的拐子湖气象站灯火通明。这一团光明距离最近的人群，足有八十公里之遥，漫漫黑夜会让它从人们的视野中消失殆尽。

但它的存在无可置疑，如握不住的疾风，如追不及的闪电！

那木尔，1996年9月从部队转业来到拐子湖气象站，工作至今

那木尔

必须他们来以后，我心里才感觉更安定

我十七岁当兵，二十岁转业，直接进这个站。原先我家是右旗的，然后分配工作的时候分到阿拉善盟气象局，我去人事科报到的时候，李科长很热情地接待我，后面就说，把你安排在拐子湖气象站，当时我觉得挺奇怪，不知道气象部门下边有这么多站，也不知道阿拉善有这个拐子湖气象站。我说行，他指着中国地图说，气象站离你们右旗就这么一点点儿距离，不太远，穿过沙子（漠）就到了。

我过去当兵的时候，也在艰苦环境里待过，所以来这儿以后感觉没多大区别，再一个站里的人员也比较有亲和力，站长、职工特别好。我也是经过了这种师傅带班教的过程。那时候我汉语表达能力特别差，我的汉语大概是在初三时候开始学的，学校比较简陋，初一、初二没有教汉语，后面我去阿拉善左旗上高中，学了点儿，高一上完以后，就当兵了。

二十年，其实也确实感觉不出来啥，因为当时跟我同时进来的这批年轻人几乎都陪伴这儿十年多，有的十几年，像王毅和王海龙这些同志，在2010年的时候才离开岗位，所以有他们在，就感觉我应该也没问题，同样都是咱们气象部门的人，不能说我调走了，他调走了。

但是2010年以后这些人调走的时候，确实感觉有点儿心酸，因为当时各局站需要人员支持，我们这儿人员比较多，而且业务压力不是太大，所以局领导从单位调走一个两个。刚开始走一两个还没感觉，感觉这个该走，也挺高兴的，对于走的人，我们就挺高兴地送。走到五六个人的时候，感觉心里面有点儿酸，他们走了以后我啥时候能走？有这种感觉，结果还是有好多同志都留下来了。

2006年的时候我是副站长，2010年开始正式主持工作，当时有个奖励政策，单位职工值一天班拿一百块钱，作为业务奖金，对他们有个利益的激励方法，这一下年轻人都不留，岁数大的人反而要留。刚开始我还跟局领导说，单位上大概有六七个人要留下来，结果第二天局领导来的时候，所有人就是一夜之间都变了心，都说要走。局领导来了以后，大家情绪也比较激动，因为一些人待的时间特别长，几乎所有的人都想回家，当时就我跟蔡文军——他是会计，我是站长——还有从额旗调来的副站长和另外两个老同志没说要走。

所有年轻人都要回家，但是有些年轻人走的时候也承诺说，我先回去成家，以后再回来，然后就都走了。其实说实在的，他们那么走的时候心里确实有点儿留恋的感觉，感觉身边的亲人都走光了。当时蔡文军也差点儿走了，他要是走了的话，我也很难留下来，因为身边没有亲人陪你，一个人很难把这个站所有的事完成得比较好，必须得有一个和你待的年限一样长的人陪伴着，这样的话，心里还有点儿底。

我也给几个离开的人打过电话，想叫他们回来。当时蔡文军因为出了车祸，身体状况不行，锁子骨断了，当地医疗条件不咋地，接骨的时候给接错了，他疼得不行，后面到酒泉，把锁骨锯开，重新给接上，所以当时他就请求调离额济纳旗，最后就把他给放走了。他回去待了一年，正好王毅站长也回来了，毕竟我们一起在拐子湖待了这么长时间，感情比较好，蔡文军偶尔开车给我们送一些后勤上吃的，也有一些日常用品，来的时候我们就给他做思想工作，做着做着，蔡文军也动了心，二进拐子湖。

在我的想象里，我要是走出去的话，应该不会再回来了，因为在这个地方待的时间太长，但是为啥他们能回来？我确实有点儿想象不到。我真没想

清沙

到蔡文军能回来，包括王毅也从右旗调到我们站里。王毅当时在旗县当副局长，然后来拐子湖当副站长，条件这么艰苦，他又回来了。他当时是特别高兴、特别激动的，他说老大我又回来了！蔡文军也是这种，突然有天打电话说，我还是想回拐子湖。我说为啥？他说待在额济纳旗局里没有那种大家庭的感觉，谁把谁的班值完就回自己家忙自己的事，所以他感觉在那儿待着没有在拐子湖那么高兴。局里人也多，不像我们单位，他是个多方面的能手，一个人能顶半边天，业务、财务、后勤方面的工作都行，所以他感觉他的价值还是在这儿更能体现，就又回来了。

为啥让他们回来？其实我想的是，毕竟自己和他们一起工作、生活这么多年，算是"老战友"，所以我相信他们来以后对站里工作会起更大的作用，必须他们来以后，我的心才感觉更安定，觉得能把这项工作完成，相信他们也能配合好，其他人来，我心里面感觉不太踏实。气象站里新来的人员都没上过地面观测班，我还得安排日常其他工作，因此必须有一个强的业务骨干带领这些人，我就想把许延强从额旗聘请过来。许延强这个人比较好喝白酒，我就每天晚上给他买当地最便宜的散酒，买多了也不行，每天晚上喝上一两瓶，酒这东西也是可以增进感情的，喝着喝着感觉感情也上来，掏心窝子话也说了。两个人开始谈心，你能不能来拐子湖气象站？许延强借着酒劲儿说，行！我没问题！然后第二天他酒醒以后：我还得考虑考虑。他本来是在这儿待一个月，我打了个招呼，延长两个月，我说这两个月必须把他拿下，就两个月时间，就把许延强调过来了。

因为那会儿是陈杰局长主持盟局工作，他提出了"派出制"改革方案，派出就是把额旗人员派到这儿来，虽说是派却没人来，我就把许延强挖过来，毕竟待一年就回，马上许延强要调走了，我还得想办法，还得说好话：许延强今年工作成绩好，一个单位里必须有骨干力量。许延强懂电，熟悉这些工作，特别擅长做这个，包括电站这些东西，很随便就维修得很好。这个单位里，只有我和他能做这些事情，所以我们俩不可能都长时间在外头待。现在只要集体外出，就让许延强两口子留下，放心。他是业务能手，对所有东西都特别熟悉，像那次集体去北京是例外，必须全单位去。像每年应包头气象局的要求去体检的时候，所有人都要去，那时候许延强就会说，咱们马上要体检了，咱们留守人员是谁？不用说，我知道是我，我先留下。

把许延强拉到拐子湖，我感觉有愧于他，真的，特别是他家里的事情。有一次他母亲从梯子上摔下来，他也不说家里有啥事，就只说要回。我说你回了以后我怎么办？许延强就不说话，领着他爱人，两个人偷偷跑去沙漠里哭了半天回来了。这些许延强自己没说，是我们副站长出去找的时候看见的，许延强从来不说这些，特别要强。

蔡文军这块，他家里特别不同意他来拐子湖工作，因为他爱人也有工作。但是小蔡这个人也是讲感情，心也特别善。我感觉，我们的一些做法还是比较有亲和力、比较随和的，咱们开会是上下级关系，平时感觉就像亲兄弟一样，所以站里现在就跟一家人一样。

不到四个月的时间，我们完全成了一家人

过去，咱们气象站院里就只有两排沙枣树，把旧房子推倒以后，整个成了开阔地，每刮一次强沙尘暴，就把这些沙枣树整个连根拔起，拔着拔着，院里就没树了。没办法，咱们开始边清理，边想着自己种点儿树。当时经费比较紧张，不允许买一些绿化亮化的东西，所以我们就每年收住宿费这些，当时来的人也比较多，拿住宿费来种一些树。第一年没经验，种了大概一千多棵，就五棵树活了，但是热情特别高涨，7、8月的时候，看到树有点儿发绿芽，我们心里特别高兴，有点儿成就感了，周边也收拾得挺干净，结果一到9月树都死了，心里有点儿悔，不行，明年我们接着种。第二年我们又接着种，成活率达到30%，有点经验了。第三年我们再去额济纳旗林场买树的时候，林场的工作人员已经知道我们是拐子湖气象站的，特别熟悉，我们每年买那么多树木，过来就死掉了，他们也不好意思，就给我们讲怎样剪枝、维护，回来以后我们开始按这个方式来做，行，第三年成活率达到90%以上，一下树木整个就起来了。所以现在咱们院里所有绿化这块这几年的成果，应该说就是前三年打下的基础。

当时经费特别紧张，说实在的，全年下来，到年底拉冬菜的时候，单位就没钱了，站长就到信用社——咱们拐子湖那儿有信用社——贷一千五百块钱，到张掖拉土豆、白菜，过一冬，一直坚持到第二年开春。平时也拉一些苹果、橘子，过冬时候拉过来，咱们自己有菜窖，放这里过冬。

过去站上有辆车，是北京吉普212，里面大概一次挤十几个人，既有当地老百姓，也有我们职工。当时条件就那样，车一个月就来一次，拉来一些后勤物资。车来了以后，就能吃上一次新鲜蔬菜。当时这儿也有商店，但里面基本没货，啥时候就是断货，方便面买不上，想吃的东西买不上，罐头也没有，有也是过期的，现在咱们买东西的时候得看一下生产日期，那时候哪还看，有吃的我们就很高兴了。我记得特别清楚，有一次王海龙、段凤莲两口子买了一瓶罐头，我们三个吃，特别高兴，因为吃不上肉罐头，肉罐头有

点儿变质了，夏天嘛，一下吃完以后跑了三天肚，实在没办法，我就在医院输液。当时那大夫也不行，他毕竟不像护士一样扎针特别准确，找不见血管就来回找，然后扎两次，我说哎呀算了，我就不扎了，凑合吃点儿消炎药就扛过来了，没办法。我父母都是医生，我们那还有个潘竟福，他父母也是医生，他家也是右旗的，我们俩回来时候，父母把所有药给带上，创可贴，还有消化的，一系列药，基本都是给职工准备的，不管是谁病了，第一时间看我这儿有什么药。

咱们中国气象局的司长，还有一些个别领导曾经来考察过，他们也感觉拐子湖特别艰苦，这么多职工在这儿，住的房子这么破旧，感觉心里特别难过。2009年的时候，中国气象局沈晓农副局长亲自来拐子湖，包括内蒙古自治区气象局乌兰局长、盟局的局长都来了，把搬迁的事敲定了。看到职工们在这种破旧的房子里能坚持十几年，甚至有些人超过了二十年，沈局长特别激动地说，你们太不容易、太辛苦了，应该更早帮你们把这些问题解决掉。那天晚上全站职工也特别高兴，记得我们集体给沈局长鞠了三个躬，感谢中国气象局领导对我们的关心、关爱。沈局长说，你们放心，回去以后我一定会尽快落实。结果很快事情就落实了，2009年元月定的，2010年7月开始施工，同年竣工。

我想把环境尽快整理好，就是一口气把这些尽快尽早了了算了。副站长樊东升也是特别能干的一个小伙子，我俩就开始先出去带头干活，老同志就跟着干，白天干活，晚上我们就打开一瓶两瓶白酒，几个人分着喝，这样第二天大家更有劲。所有人干了一段时间以后，达成一种默契，中午吃完饭休息十分钟，就开始接着干，所有人起来就开始干，没人有怨言。有两个老同志，刚开始都特别不乐意，说我来这个单位是值班的，不是来干这么多活的。我说那不行你们就休息吧，你们就少干点儿，我们年轻人多干。我们干的时候，单位厨师李卿跟我们一起干，他也是咱们这个站待年限最长的，前两年才退休，好像他的岁数是全单位最大的，他的干劲特别足，回来还得做饭，然后那两个老同志看了有点儿坐不住了，就跟着干，后面干得比年轻人更起劲。晚上的时候，我们偶尔会激励他们说，咱们打一场篮球赛，买上一扎啤酒，哪一组输了，哪一组请客，怎么样，行吗？说行，这就开始，老同志跑得比年轻人还快，买那扎啤酒，就是图个高兴，自己逗个乐，大家玩儿得特别开心。很快，不到四个月的时间，我们完全成了一家人。

住进新楼房的那天，是我在这儿二十年最开心的一天。我现在是没法形容当时的心情，就是挺激动、挺高兴的。当时施工方还不让住，我们是违规提前进来住，因为交工前是比较严格的，这些东西用坏了，施工方还要赔偿，所以我就承诺这些东西坏了我们自己修，他们这才放心让我们住。那天晚上住进来以后，当时我们这里有个老站长，就是姜峰局长，那会儿他退二线当调研员了，负责监督这个工程，来了以后，说是必须得吃顿羊肉。我记得，当天晚上几乎全站人都喝酒了，有些不爱喝酒的人也喝了。

住进新房子以后，我们每人一间，当时我们也没说谁住哪个房间，就挨个挑房间住。过去是两人一间房，现在一人一间房，包括卫生间、电视设施这些都有，特别激动，这就开始追着局领导喝酒，说是激动得睡不着，结果那天晚上高兴得一夜没咋好好睡。

打造成全方位服务的有特色的气象站

说实在的，我现在感觉，年轻人这块，从南京信息工程大学毕业的学生业务能力确实特别强。说一个简单的，单位的分析资料，包括强的黑风暴过来以后的图片、数据材料分析，这块对业务要求比较高，我过去想的是大学生估计做不出来，结果我2015年在内蒙古自治区气象局挂职的时候，处领导说你们那儿前两天刮黑风暴了，你们单位有没有人会分析这个资料？把资料分析给我发过来。当时他们刚来不久，我也没安排这样的工作，我就打电话问单位有没有人能把资料分析发给我？结果许鹏飞说行，很快把资料分析弄完了。处领导一看说，你们单位还有这方面的专家呢，能分析得这么好，后面又跟我说，能不能把你们阿盟整个数据资料分析一下？我就让新来的王永

2016年站内全体职工（从左到右：王毅、陈帅、蔡文军、许延强、那木尔、许鹏飞、王永玺）

玺分析。拿过来以后，处领导说，真了不起，这么短的时间就分析好了。现在我们提倡向年轻人学习，所以平时交流学习比较多。

要说梦想，我以前还真没有。但是，2015年年底我挂职结束回来，看到当地发展得很快。苏木镇又搬迁回来了，对气象站的业务有要求；再一个，航天的服务和保障需求也比较迫切；石油现在也有了。我们现在只有一个地面观测站，任务就是传输数据。我想把这个站打造成为国防、航天还有天气预报包括沙尘全方位服务的、有特色的气象站。

打造沙漠站也是我的一个梦想，过去额济纳旗有个沙尘暴监测站，当时我们这儿没有电，检测设备没法工作，就只好把它安装在额济纳旗。那设备安装在额济纳旗的森林里，起不到啥作用，要是安装在我们这里，数据价值肯定更高一些。我的梦想就是这些，走之前把这些工作完成，也是对这个站做的最后贡献吧，我是这么想的。

第六章／梦想

"你的梦想是什么？"

"……"

如果这样去问曾在拐子湖气象站工作过的一百三十个气象员，他们的回答会是怎样？

他们可能不会说出什么豪言壮语。他们会说，希望这里树多一点儿，绿化好点儿，再来些人，热闹些。或者，希望以后都改成无人值守，再也不要有人去承受那种无边的寂寞。也有人会说，想跟家人多一些团聚时光，跟孩子多谈谈天，跟父母多见见面。

有一位离开那里很久的气象员说，曾经最憧憬的，就是夏天的时候去旗里买个西瓜回来，大家一起坐着吃西瓜，一边吃一边聊天，"那是一种享受"。拐子湖的夏日很难捱，特别是长期缺电，没有电扇，更不用说空调了，热到无可奈何，夜里无法入睡，6至8月全是煎熬。但对西瓜的情有独钟，似乎也不完全是出于消暑。

仔细地琢磨这画面，能理解这为什么是特别美好的——西瓜这种普通人夏日生活再常见不过的水果，代表了沙漠里两样几乎不存在的东西——绿色和水。大家吃着可以说是珍贵的西瓜，聊着天，那种情景就像沉浸在一个梦里，梦见自己不在此处，而在清凉蓬勃的别处。

除了西瓜，他们的梦想还有爱情。

来到拐子湖的大都是单身男女，工作之余，他们的乐趣就是听录音机。录音机里放的什么？情歌肯定少不了。在沙漠万籁俱寂的夜晚，值班的气象员们在工作之余，只能听着这些温柔缠绵的音乐，做着自己心中玫瑰花香的梦。

幸运的，会在这里找到爱情，实现梦想。

拐子湖气象站的第九任站长刘福军，1985年分配来站，2000年离开。从他对拐子湖的描述，很难品味出他对这座沙漠孤岛的爱恨。他曾经说，拐子湖就是一座"没有围墙的监狱"。他从拐子湖调回额济纳旗后，始终觉得无法适应城市的生活——城市里人多车多，他走在路上经常感到手足无措。在

单位或社交场合，他也和别人聊不起天来，因为别人聊的那些知识和见闻，他在拐子湖时都错过了，听不懂。

他融不进外界真实的生活，所以烦躁。他说这是拐子湖在他心灵上留下的烙印。

刘福军刚来拐子湖气象站的时候，还是个刚毕业的小伙子，长得帅气，对女孩子很有吸引力。和他差不多同时进入拐子湖的，有个漂亮的女孩，叫陈晓红。陈晓红的父亲当时在阿拉善盟气象局器材科工作。那时气象局缺人，她家里人口多，为了减轻家庭负担，她决定早早工作，并自愿选择了拐子湖气象站。

到拐子湖气象站工作之前，陈晓红的父母严肃地告诉她：不能在单位谈恋爱，否则就回不来了。陈晓红很听父母的话，所以并不愿接受气象站里那些单身小伙献上的殷勤。刘福军也是这些小伙中的一个，他对陈晓红特别上心。虽然陈晓红说一开始他们俩并没有互相产生特殊的感觉，是在后来的接触中才逐渐发生一些"化学反应"的，但她描述自己对刘福军的第一印象时，毫不犹豫地用了"很帅"这个词。

陈晓红对刘福军最初确实没有什么想法。因为刘福军的父亲是额济纳旗气象局的时任局长，他则是人们眼中的"官二代""公子哥儿"。基本上大家都认为他来拐子湖不过是镀金而已，不会长待。陈晓红更不愿意把终身托付给一个依靠父辈、自己的根都扎不牢的人。虽然刘福军到气象站的第一天，就挽起袖子二话不说和陈晓红一块儿干活去了，一点儿都没有显露出"纨绔子弟"的气质，反而十分卖力肯干。几年后，陈晓红探亲回到阿拉善盟，家里人张罗给她相亲，见过几个之后她才发现，在自己心中，再也没有人能比得上拐子湖的那位叫刘福军的男同事。1989年，他们举行了简单的婚礼。

因为父亲的要求而来到拐子湖的刘福军最终证明了自己。他在这个以艰苦著称的基层站点工作了整整十六年，从青春洋溢的少年，到稳重踏实的中年，一步一个脚印。这十六年间，他得到了陈晓红的爱情，当上了拐子湖的站长，经历过建站以来最大的沙尘暴，铲过的沙子数以吨计，养过兔子养过羊，差点儿把命丢在开车去旗里采购的路上，也曾经有过八个月驻站不归，等休假回到家时，脸黑发长，妻子差点儿认不出他的经历。

就算调回额济纳旗，他的梦魂还时常萦绕在拐子湖，在梦中感受着那里的寂静和单纯。他把自己大部分的精神力量留在了拐子湖。

刘福军没有对媒体或其他人谈论过自己的梦想。而他的妻子陈晓红说，他就是她已经实现的梦想。她在拐子湖最快乐的事，就是与他相遇。

祝他们永远平安！祝一切在这荒凉之地散发温暖的人永远平安！

拐子湖所在的苏木镇最近刚刚恢复，气象站周围又开始有了人烟，重启的乡镇，带来了新的生机。和很多气象员期待的那样，这里会慢慢发展起来，变得越来越好。

圈在围墙里的气象站，也将不再只是万顷沙海中的一叶孤舟了。